현대분재기술

宋 在 巽 著

五星出版社

분재의 종류와 분의 종류

겨우내 숨겨두었던 꽃봉오리가 봄이되면서 만개하기 시작하면 화사한 꽃이 가득한 아름다운 분재이다.

푸르른 잎사귀와 함께 꽃이 만발하는 화목류나 가지 사이에서 가련히 꽃이 피어오르는 화목류나 모두 그 꽃봉오리가 아름답다.

꽃의 아름다움과 향기로 자연의 향수를 느끼게 한다.

분과 꽃의 조화를 맞추는 것도 분재인의 안목중 하나이다.

□ 등나무 (수고 **55** cm)

서로 다른 꽃의 빛깔과 각기 다른 특유의 꽃봉오리가 매력적인 화목류는 특히 나무마다 그윽한 꽃냄새를 즐길 수 있어 사랑을 받고 있다. 또한 심산해당 등은 봄에 흰꽃을 감상할 수 있고 낙엽이 진후에는 홍옥의 열매를 맺으므로 분재인들에게 더욱 사랑을 받는 수종이다.

□ 매화 (수고 **20** cm)

□ 매화 (수고 50 ㎝)

□ 심산해당 (수고 35 ㎝)

꽃의 모양, 빛깔에 따라 느끼는 분위기는 각기 다르다. 흰 꽃의 청초하고 해맑음, 붉은 꽃의 요염함, 수많은 꽃봉오리에서 감상하는 화사함.

한 두송이의 꽃봉오리에서 느껴지는 앙징스럽고 아기자기함 등 화목류 분재의 이런 아름다움이 실내의 공간을 자연의 모습으로 장식한다고 할 수 있다.

실내에서 늘 푸른 자연과 함께 아름다운 꽃봉오리를 함께 만날 수 있는 분재이다.

□ 동백 (수고 60 cm)

풍성한 녹엽 사이사이에 피어 오르는 꽃봉오리가 매우 아름답게 돋보이며 매력적이다.

잎과 꽃의 조화는 생의 신비함을 다시 한번 맛볼 수 있으며 분 안에서 향기롭게 피어나는 꽃봉오리를 바라보면 신록의 싱싱함과 함께 화색의 조화를 느낄 수 있다.

□ 찔레나무 (수고 45 cm)

송백류

태고의 숨결이 살아 숨 쉬는 송백류의 자태에서 웅장하고 신비스러운 대자연의 섭리와 이에 순응하며 풍파속에서도 강건하게 살아 남은 듯한 생명력을 읽을 수가 있다.

송백분재를 감상하다 보면 생의 신비와 인내의 교훈을 얻게 된다.

같은 송백류라도 수형과 수목에 따라 분재의 품격이 달라져 보인다.

송백분재는 마치 인생의 한 부분처럼 오랜 세월을 지내는 동안 그 인고의 세월이 나타내는 형상이 수목의 가치를 높여 준다.

□ 흑송(수고 68㎝)

　　상록수처럼 계절의 변화에 상관없이 사철 푸른 잎을 감상할 수 있는 수종으로 언제나 겸손하게 자연과 더불어 조화를 이루는 자태를 연출해내는 송백류는 자연스러움 속에 온갖 풍상을 겪어낸 남성다운 굳센 기상과 오래묵은 수목의 고고함을 또한 야생에서 느낄 수 있는 박진감이 넘쳐서 인공을 초월한 자연의 신비함을 느낄 수 있는 분재이다.

□ 흑송석부 (수고 55 ㎝)

□ 노간주 (수고 50 ㎝)

□ 흑송 (수고 45 ㎝)

□ 노간주 (수고 70 cm)

□ 흑송 (수고 50 cm)

□ 진백 (수고 55 cm)

□ 두송 (수고 80 cm)

적송〈수고 78 cm〉

수목 특유의 아름답고 부드러워 보이는 곡선에서 줄기 흐름의 경쾌함을 읽게 되고 고고하고 신비스러운 백골의 자태에서 자연 그대로의 정감을 느끼게 된다. 시원스럽게 뻗은 가지, 구불구불한 줄기, 백골의 운치가 나무 전체의 분위기를 살려준다.

□ 진백 (수고 45 cm)

□ 흑송 (수고 45 cm)

□ 분경 (수고 25 cm)

□ 흑송 (수고 57 cm)

□ 노간주나무 (수고 32 cm)

□ 덩굴 (수고 50 cm)

□ 모과나무 (수고 30 cm)

□ 피라칸사 (수고 25 cm)

자연이 가져다 주는 풍요로움을 그대로 연출해내는 유실분재는 자연스러운 곡선과 탐스럽게 혹은 앙징스럽게 매달린 열매로 수종에 따라 각각의 개성과 운치를 느낄 수 있어 한층 더 매력있는 분재이다. 봄, 여름, 가을, 겨울 계절의 변화에 따라 각기 다른 분위기의 아름다움을 감상할 수 있는데, 봄철에는 여러 색상의 아름다운 꽃이 가을철에는 만추의 계절을 실감케하는 풍요로움의 상징인 감나무, 영롱한 느낌의 피라칸사, 붉은 열매가 탐스러운 애기사과 등 아기자기한 수목들로 특히 여성 분재인들로부터 사랑을 받고 있다.

열매가 많이 달린 것보다 관상용이므로 충실하고 보기좋은 것으로 분재의 미를 살리는 범위내에서 솎아주는 것이 좋다.

□ 애기사과 (수고 **45** cm)

□ 돌감나무 (수고 **55** cm)

□ 애기능금 (수고 **45** ㎝)

수목의 형태와 열매의 크기·색깔이 자연스러운 조화를 이루면서 풍요로운 계절의 정취를 물씬 풍기는 색다른 분위기의 분재로 수형의 아름다움보다는 열매의 탐스러움을 즐길 수 있다. 잘 정돈된 가지 뻗음과 탐스러운 유실의 색상이 한층 분재의 신비스러움을 나타내주고 있다.

자연의 멋과 운치를 스스로 나타내고 있는 듯한 손질이 잘된 수목과 잎사귀에 가려져 보일듯 말듯 매달린 앙징스런 열매와 잎사귀의 싱그러움이 아름다운 조화를 이루어 아기자기하고 산뜻한 정감을 느끼게 한다. 열매 맺음이 자연스러워 더욱 사랑스런 느낌이 든다. 유실분재는 특히 열매를 관상하기 위한 분재이므로 충실한 열매가 맺도록 관심을 가지고 가꾸어야 한다.

□ 대추나무 (수고 **50** ㎝)

잡목류

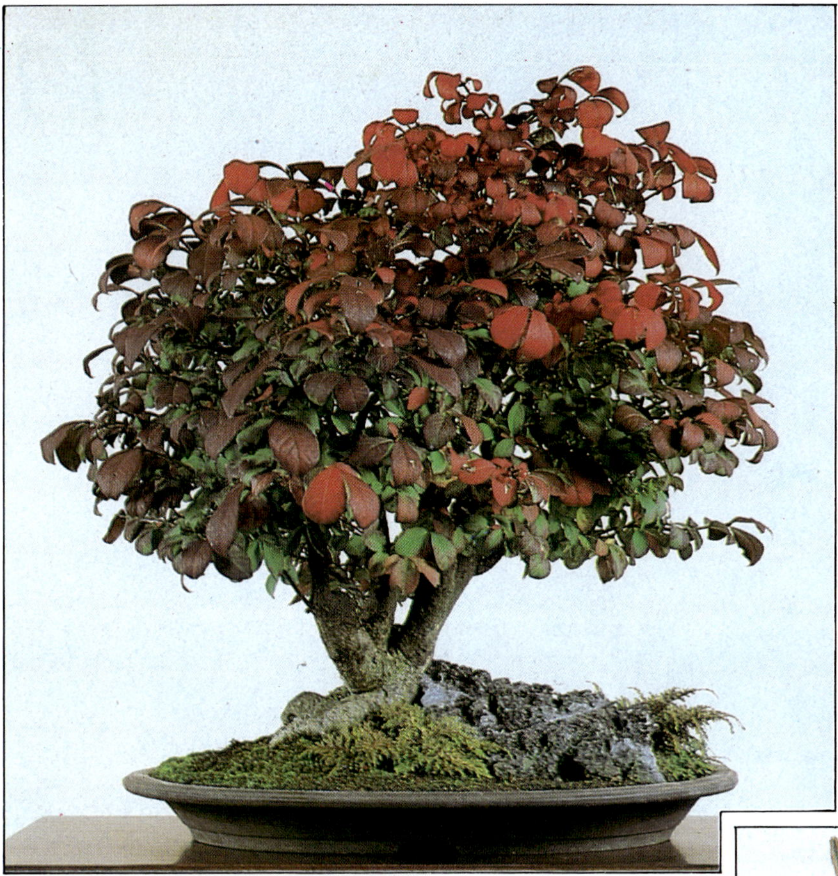

□ 정금나무(수고 45cm)

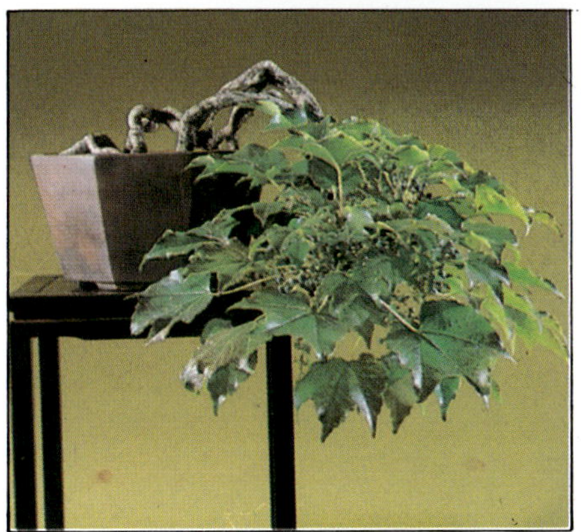

□ 담쟁이(수고 15cm)

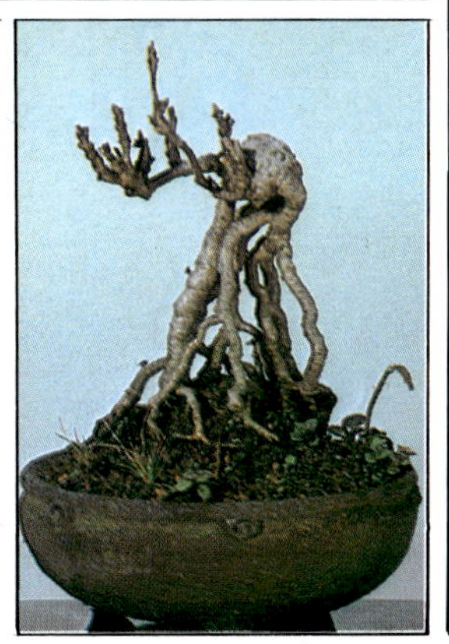

□ 당단풍나무(수고 22cm)

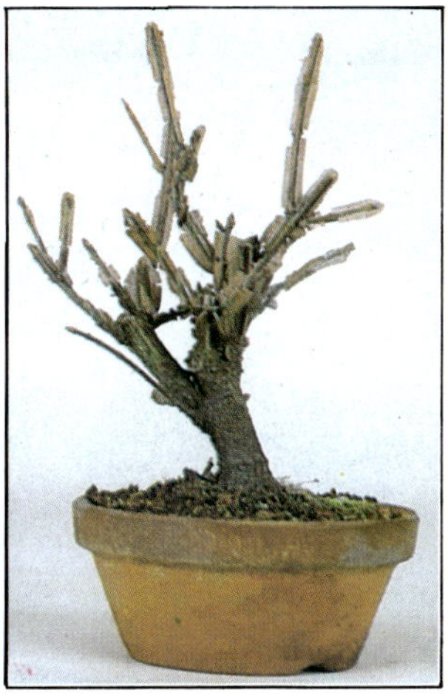

□ 화살나무(수고 28cm)

☐ 단풍 (수고 50 ㎝)

☐ 은행나무 (수고 55 ㎝)

☐ 백매화 (수고 60 ㎝)

☐ 신나무 (수고 35 ㎝)

□ 단풍나무 (50cm)

□ 당단풍 (수고 45cm)

현대분재기술

宋在巽著

五星出版社

□ 머 리 말

　물질문명이 급속히 발달됨에 따라 우리 주위의 자연은 나날이 황폐화 되어 가고 있다. 콘크리트 빌딩 숲속에서 하루 하루의 생활이 반복되는 현대인들은 점차 자연의 존귀함을 깨닫게 되고 또 그리워하는 마음이 생기게 되었다.

　그러나 우리 주위에는 손쉽게 접할 수 있는 자연이 풍부하지 못한 편이다. 때문에 자연을 생활 주변에서 만끽 할 수 있도록 대자연을 축소시켜 연출시킨 것이 분재이다.

　안방, 응접실, 사무실 등 여러 공간에 놓여 있는 자연의 축소인 분재야말로 현세대를 살아가는 메마른 도시인들에게 오아시스와 같은 생활의 활력이 되고 있다.

　한 분재를 보다 아름답게 가꾸므로써 취미 생활은 물론, 자녀들에게도 자연 학습의 효과를 거둘 수 있으며 아울러 정서를 순화시킬 수 있는 등 여러가지 효과를 기대할 수가 있다.

　이 책은 자연을 접한다는 흥미감과 실패하지 않는 예비 지식을 먼저 터득하게 하여 분재를 처음 시도해 보려는 분재인들에게 자세한 길잡이로서의 안내자가 되고자 한다.

　본문은 분재의 고도기술로부터 초보에 이르기까지 누구나가 곧 바로 분재를 할 수 있도록 구분하여 다루었으며 관리 배양법, 시비, 병충해 방제 등을 상세히 수록하였다. 특히 병충해 방제, 발근제 사용법은 저자의 경험에 비추어 기술하였다. 다소 미비한 부분은 계속 연구 보완할 것을 약속드리며 분재인 그리고 분재 취미에 입문하시는 분 모두가 참고가 되기를 바라는 마음 간절하다. 이 책이 나오기까지 도움을 주신 여러분께 심심한 사의를 표하는 바이다.

著者 宋 在 巽

제1장 분재의 역사와 분류

1) 분재의 개요 ································22

2) 분재의 역사 ································22

3) 분재를 취미로 즐기려면 ················23

4) 분재의 취미 ································25

5) 분재의 분류 ································26

  (1) 수형에 따른 분류 ····················26

  (2) 크기에 따른 분류 ····················30

  (3) 관상에 따른 분류 ····················30

6) 분재용으로 갖추어야 할 조건 ··········32

  (1) 훌륭한 분재용 나무 ··················32

  (2) 분재용 나무 종류 ····················33

  (3) 잔가지를 무성하게 하는 법 ··········34

제2장 분재 채취와 분갈이

1) 오랜 세월이 걸리는 분재 ··············35

2) 좋은 소재는 귀하다 ····················35

3) 소재를 입수하는 방법 ··················36

  (1) 야생 채취법 ··························36

  (2) 취목법 ······························40

  (3) 삽목법 ······························42

  (4) 실생법 ······························46

  (5) 접목법 ······························47

(6) 분재에 알맞는 토양선택 ·······53

4) 분갈이 ·······55

(1) 분갈이의 목적 ·······55

(2) 분갈이의 방법 ·······55

(3) 분갈이 순서 ·······56

(4) 심는 요령 ·······57

(5) 분재의 위치 ·······60

(6) 분재 관리 ·······61

5) 수형별 분갈이 ·······62

(1) 분재수형 ·······62

(2) 수형잡는 요령 ·······72

6) 순자르는 순서 ·······78

(1) 지렛대 이용법 ·······78

(2) 적당한 시기 ·······78

(3) 상처 보호법 ·······86

7) 분재 관리 ·······86

(1) 물주는 시기 ·······88

(2) 물을 줄 때의 주의 사항 ·······88

(3) 화분의 건조 원인 ·······88

(4) 동해방지 ·······88

(5) 겨울철 분 관리 ·······89

8) 병충해 방지 ·······90

9) 분재용 비료 ·······93

(1) 깻 묵 ·······93

(2) 계분(닭똥) ··95

(3) 골분(骨粉) ··95

(4) 어 분 ··96

(5) 기타 비료···96

(6) 화학 비료···96

10) 분재 급소 ···96

11) 분재의 정면과 후면 ·································99

12) 분재의 조화 ··99

13) 분경 만드는 요령 ·································103

(1) 적당한 수종 ···103

(2) 적당한 용도···103

(3) 흙의 배합 ···105

(4) 심는 요령 ···105

(5) 주의 할점 ···107

(6) 식재순서···108

(7) 분갈이 방법 ··108

(8) 분갈이 후의 관리·································109

(9) 분경의 여러 가지 수형과 심는 위치 ·······111

14) 분재 소재의 단점 교정법 ·················116

15) 백골 만드는 법 / 백골의 형태와 보존 ·······118

16) 전정법과 잎따기·································119

(1) 송백류의 전정(흑송, 적송, 오엽송) ·······120

(2) 향나무류 전정 ····································123

(3) 잡목류 전정 ·······································123

(4) 전정의 적기 …………………………………… 123

(5) 잎따기 ……………………………………………… 125

17) 잔가지를 많이 만드는 나무 ……………………… 126

18) 분재 배양에 필요한 약제 …………………………… 126

(1) 생장 조절제 ……………………………………… 127

(2) 발근 촉진제 ……………………………………… 127

(3) 유합제 (상처보호제) …………………………… 128

(4) 살균, 살충예방제인 보르도액 조제법 ………… 129

(5) 석회유황합제 (Live-Sulfur mixture) ………… 130

(6) 적응병충해 ……………………………………… 131

제3장 분재 배양

1) 식물의 자연 수형 ………………………………… 132

(1) 자연 수형 ………………………………………… 132

(2) 뿌리와 수형 ……………………………………… 133

(3) 개화 방법 ………………………………………… 133

2) 분재 배양 관리 기술 ……………………………… 134

(1) 적송 (육송) ……………………………………… 134

(2) 흑 송 ……………………………………………… 139

(3) 노간주나무 (두송) ……………………………… 143

(4) 진백 (향나무류) ………………………………… 145

(5) 주 목 ……………………………………………… 149

(6) 오엽송 …………………………………………… 150

(7) 팔방삼나무 ……………………………………… 152

♣ 차례───────────────────

(8) 블루버드 ··· 152

(9) 라인골드 ··· 153

(10) 홍자단 ·· 154

(11) Piracantha ·· 159

(12) 돌감나무 ·· 162

(13) 화살나무 ·· 165

(14) 매화나무 ·· 169

(15) 석류나무 ·· 176

(16) 모과나무 ·· 180

(17) 으름덩굴 ·· 182

(18) 아그배나무 (심산 해당) ··· 183

(19) 철쭉류 (영산홍) ··· 187

(20) 애기사과 ·· 190

(21) 느티나무 ·· 194

(22) 단풍나무 ·· 198

(23) 소사나무 ·· 201

(24) 명자나무 (장수매) ··· 203

(25) 돌배나무 ·· 206

(26) 때죽나무 ·· 211

(27) 대나무 ·· 212

(28) 느릅나무 ·· 216

(29) 동백나무 ·· 217

부록 / 분재의 월별관리 ·· 220

맺음말 ·· 225

현대 분재 기술

五星出版社

제1장 분재의 역사와 분류

1) 분재의 개요

　문명이 발달함에 따라 인간은 과학적인 생활과 복잡한 아파트 빌딩에서 공해에 시달리고 차츰 자연과의 거리가 멀어짐에 따라 자연을 그리며 생활하게 되었다.

　점차 이런 생활이 반복되는 것이 현실 사회이고 보면 자연에서 태어나 자연으로 돌아가고 싶어하는 것이 우리 인간들의 본능이라 할 수 있다. 따라서 자연 속에서 식물의 예술성을 즐길 뿐만 아니라 콘크리트 빌딩 숲에서나마 자연을 가까이 한다는 것은 정신적·육체적으로 건강을 유지하는 데에 큰 도움이 되는 하나의 방법이다.

　대자연에서의 배움은 그 깊이가 무한하여 분재 예술은 완성품이 없고 미완성품으로서의 생명력에 더욱 호감을 갖게 된다. 더우기 자연의 섭리와 분재의 깊이를 이해할수록 분재의 신비로움과 살아있는 예술의 긍지를 느끼게 되며 분재인은 자연을 사랑하는 마음과 자연의 위대함을 인식하여 항상 겸허한 자세로 분재 생활에 임해야 한다.

2) 분재의 역사

　분재는 중국 남송 때 시작하여 불교가 전래되면서 우리 나라에 들어와 이조 세종때부터 분재를 하게 되었으며 일본인들의 왕래로 일본에 전래 되었다.

　현재는 동양에서 세계에 보급되고 있으며 전 세계 36개국에서 분재의 예술을 즐기고 있다. 경제가 발전하고 생활이 안정되어 여가가 생기게 되면 정서에 도움을 주는 분재 생활을 즐기며 삶을 영위한다는 것은 좋은 일이다.

　앞으로 뜻있는 분들의 깊은 연구가 계속 되어 우리 분재 기술이 전
세계에 보급되었으면 하는 마음이 간절하다.

3) 분재를 취미로 즐기려면

　분재의 취미는 나무를 키워 자기가 바라는 형태의 모습으로 만들어
가는 즐거움에 있는 것으로써 무엇보다 끈기와 인내의 결정이라 할 수
있다. 각자 자기만의 가치 평가로 즐긴다면 그것으로 충분하다. 처음
부터 고가의 나무를 구입하는 것보다는 가격이 저렴한 것부터 시작하
는 것이 좋은 방법이다. 우선 분의 숫자를 하나만이라도 더 많이 갖는
것이 분재 숙달의 지름길이다. 생활이나 직업에서 오는 스트레스 해소
를 위해, 취미나 교양을 쌓기 위해, 혹은 일광욕을 겸한 그날 그날의
분재 손질이 불로 장수의 묘약이라고 생각하는 사람들이 날로 늘어나
고 있다. 처음 분재를 시작하는 입장이라면 우선 작은 풀 종류부터 시
작하는 것이 좋겠다. 자기 주변 어디에나 있는 야생의 풀을 분에다 심
어서 가꾸면 그것은 매우 소중한 경험이 된다.

초보자에게 적당한 철쭉 소재

분재를 가꾸는데 가장 중요한 것은 아랫 가지를 튼실하게 잘 자라도록 하는 것이다.

철쭉은 삽목, 취목 접이 잘되는 수종으로 가지도 잘 움터 나오므로 실수로 중요한 가지를 자른다 해도 얼마 되지 않아 그 자리에서 새로운 가지가 움터 나오기 때문에 안심하고 취향대로 전지를 연습할 수 있으므로 어떤 형태로나 만들 수 있으며 꽃도 즐길 수 있는 철쭉이야말로 좋은 소재가 아닐 수 없다.

---

① 가르침과 배움은 분재로부터 : 축소된 자연을 분 안에 재현하는 것을 이상으로 삼는 마음가짐에서 비롯되며 분재에서는 산이나 들에 흩어져 있는 모든 나무나 풀이 다 살아 있는 분재교본이므로 여행을 할 때도 자연의 풍경을 잘 관찰해 둔다.

②분재 채취를 위해 산야를 돌아다니며 종목(소재)을 마음대로 채취하며 전람회나 분재원 혹은 선배들의 소장품을 열심히 관찰하고 많이 감상함으로써 심미안을 높인다.

③ 실패하지 않는 것과 숙달은 다르다. 실패를 두려워 해서는 그만큼 숙달이 늦어지므로 실험을 통하여 많은 체험을 얻도록 한다.

④ 나무와 대화하는 마음을 가지고 나무를 사랑하다 보면 안방에 놓여 있는 분재와도 무언의 대화가 이루어진다.

먼저 소재를 구한다

분재를 모르는 사람도 소재만 있으면 분에 옮겨 심는다. 그후 해가 갈수록 수형을 생각하고 싹이 돋아나는 것도 관찰하게 된다. 또 급수를 하다보면 비료도 주게 되는 것이다. 그러는 동안에 분재원을 찾아 분재를 감상하다 보면 자신도 모르게 분재를 즐기게 되고 순치기, 가지치기, 철사걸이를 시작해 안목이 높아져 손질하는 즐거움도 느끼게 되어 분재를 알게 된다. 그것이 곧 분재와 가까워지는 비결이다.

— 분재의 관상 —

  분재는 줄기, 뿌리 뻗음이 좋은 곳을 선택하여 봉오리가 앞을 향하게 한다든가 줄기를 앞으로 기울어지게 함으로써 겸손함을 나타내고 가지의 배치도 뒷면은 긴가지를 배치하고 앞가지는 보기가 불쾌한 느낌을 주므로 적당히 처리하여 호감이 가도록 유도해 준다.

---

  ⑤ 분재는 아무리 오래해도 싫증이 나지 않는 취미이므로 서둘지 말고 느긋한 마음으로 가꾸어야 한다.

  특히 모든 수종이 다 마찬가지지만 1, 2년에 분재를 만들려는 성급한 생각은 버려야 한다. 인내심을 가지고 오랜 세월을 기다리다보면 가꾸던 나무들이 하나 하나 분재로서의 품위를 갖추어 명목이 탄생되는 것이다.

4) 분재의 취미

  분재 애호가들을 구별해 보면 대부분 두 종류로 분류할 수 있다.

  ① **관상 본위의 취미** : 타인의 분재를 구입하여 관상하려는 것으로써 관리를 잘못하면 고사시키거나 모양이 흐트러져 분재로서의 가치를 상실하는 경우가 많다. 그러나 매일 관리하다보면 경험도 얻어지고 관리 기술도 향상되어 생장과 계절 변화에 따라 취미로 분재 생활을 즐길 수 있게 된다.

— 초보자 분재 —

  초보 분재는 삽목을 실시하여 삽목 기술을 터득한 다음 소재를 구하여 기르는 것이 안전한 방법이라 할 수 있다.

  초보 분재인이 처음부터 값비싼 소재를 구하여 기른다는 것은 실망을 자초하는 일이므로 장수매, 삼나무, 느티나무, 영산홍 등을 삽목으로 소품 소재를 만들면서 서서히 가지 배열을 익히며, 시비를 하고 약제를 살포하면서 새싹의 수형을 잡아 가는 것이 순서라 하겠다.

---

② **배양상의 취미** : 소재를 직접 채취하거나 구입하여 조정해가며 즐기는 취미이다. 한 그루의 나무를 분에 심어 자기의 마음속에 그리던 수형을 만들어 가는 동안에 가지가 뻗고 꽃과 열매가 달릴 때 분재인이 맛볼 수 있는 그 즐거움은 더할 나위가 없을 것이다.

이렇게 흐뭇함과 즐거움 속에 시간이 흘러 자기가 머리속에 그리던 하나의 작품이 만들어지게 되는 분재는 장기적이고 계획적인 오락이라 할 수 있다.

이와 같이 분재는 배양과 관상의 취미가 서로 합쳐져서 깊은 취미를 갖게 된다.

5) 분재의 분류

분재는 여러 종류의 분재가 있으나 관상상 수종, 수형의 크기에 따라 분류해 보고자 한다.

(1) 수형에 따른 분류

형태를 기준으로 하여 다음과 같이 분류한다.

① **직간(곧은 줄기)** : 평지에 우뚝 솟은 노수고목의 웅대한 상을 표현한 것이다. 곧고 힘차게 솟은 외줄기는 뿌리가 사방으로 뻗어야 안정감이 넘치며 주간은 위로 갈수록 가늘며 가지는 전후 좌우에 고루 뻗

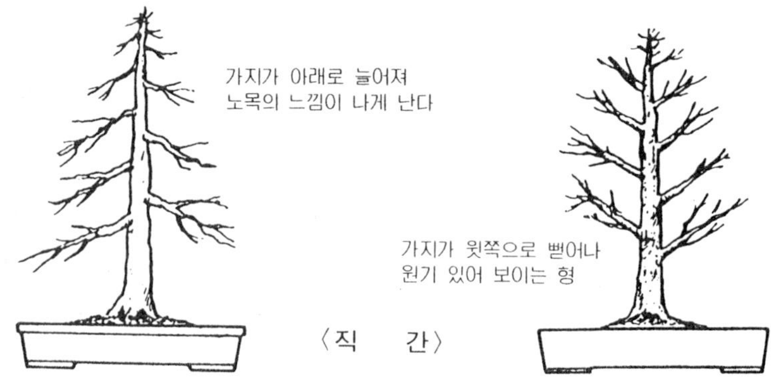

〈직   간〉

어난 나무를 직간이라 한다.

② **사간(기운 줄기)** : 직간과 같이 외줄기이나 좌우 중 어느 한쪽으로 기울어져 자란 모습을 사간이라 한다. 이 나무의 수형은 해안이나 계곡에서 많이 볼 수 있는 수형이다.

〈사　간〉

③ **반간(서린 줄기)** : 줄기가 곧게 뻗지 못하고 전후 좌우로 굴곡된 것으로 심한 풍설의 역경 속에서 굳건히 자라온 모습으로 박력(迫力)을 나타내는 수형이다.

〈반　간〉

④ **쌍간(쌍줄기)** : 한 뿌리에서 두개의 주간이 곧게 뻗어 높고 낮음, 굵고 가늘기가 잘 조화되어 서로 의지하는 다정한 부부와 같이 보이는 수형이다.

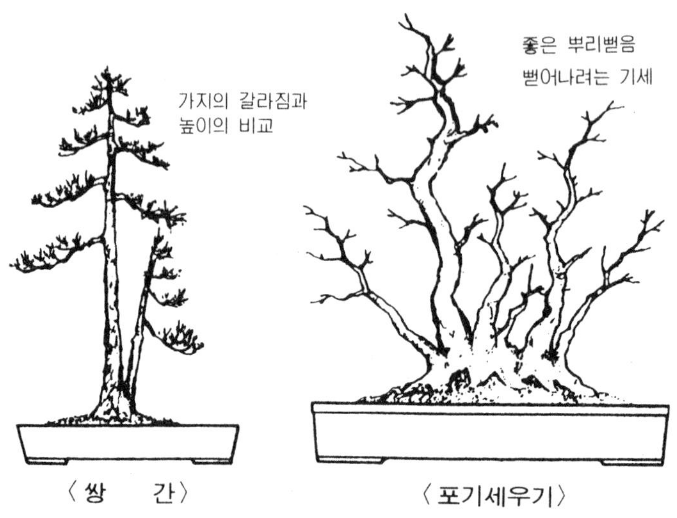

〈 쌍   간 〉   〈 포기세우기 〉

⑤ **주립(포기나무)** : 한 뿌리에서 여러개의 줄기가 온화한 임상(林相)을 나타낸 것으로 출기의 수를 홀수로 한 부채 모양의 수형이다.

⑥ **현애(벼랑나무)** : 줄기가 화분 밑으로 늘어져 자란 모습의 수형을 말한다.

반현애는 경사지에서 나무의 줄기가 한쪽으로 기울어져 자란 모습의 수형이다.

〈 현   애 〉

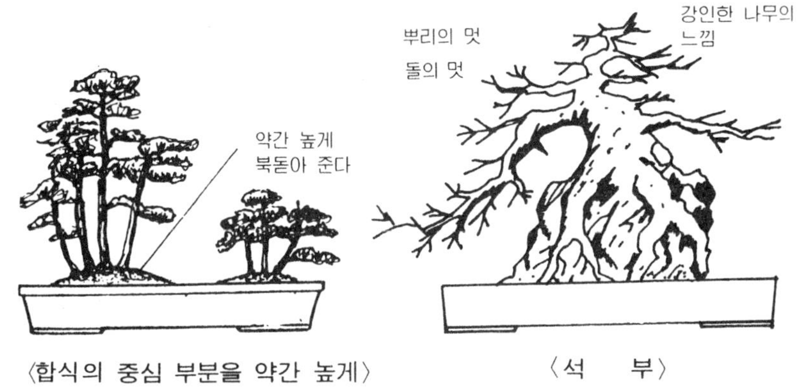

〈합식의 중심 부분을 약간 높게〉　　　　〈석　　부〉

⑦ **기식(합친나무)** : 화분에 여러 주의 묘목을 심어 우거진 숲의 풍경을 나타낸 것이다.

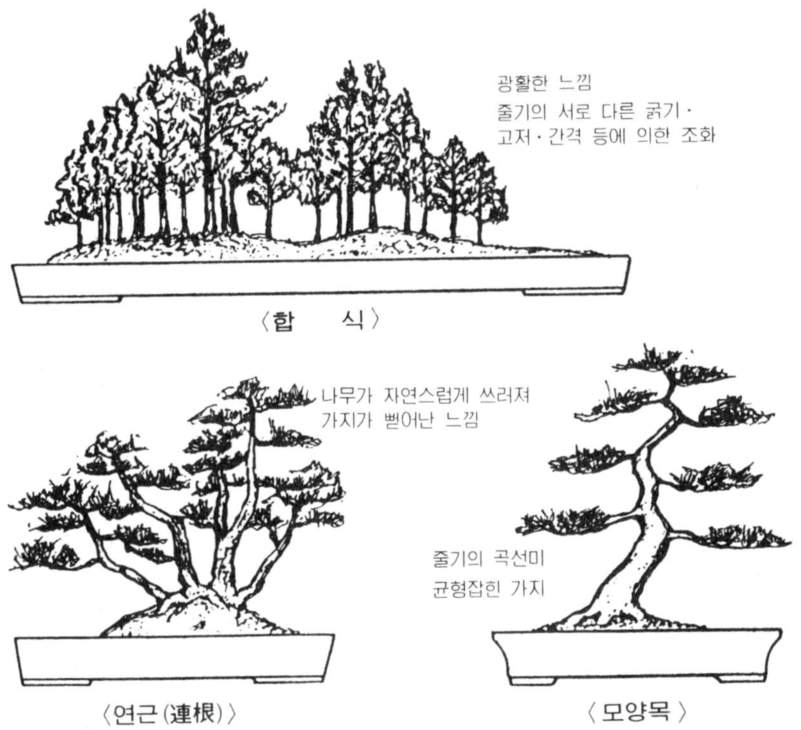

〈합　　식〉

〈연근(連根)〉　　　　　　　〈모양목〉

⑧ **석부** : 나무를 돌위에 심거나 돌에서 뿌리를 붙여 심어 돌틈에 뿌리를 배치해 절벽의 나무나 고산의 풍경을 나타낸 모습이다. 석부수종으로는 단풍나무, 단풍소나무, 오엽송, 석류나무, 향나무, 소사나무 등이 있다.

⑨ 기타 모양목, 문인목, 연근 등이 있다.

(2) 크기에 따른 분류

수고를 표준으로 하여 대략 분류해 보면 다음과 같으나 사람의 성격에 따라 좋아하는 양상이 달라지고 응접실, 현관, 회의실 등 공간이 넓어짐에 따라 분재의 크기도 대형화 되는 경향이 있다.

① 대형분재 : 수고 90㎝ 이상
② 중형분재 : 50㎝ 전후
③ 소형분재 : 25㎝ 전후
④ 두분재 : 10㎝ 이내

(3) 관상에 따른 분류

① **송백류** : 상록수처럼 계절 변화에 관계없이 사철 푸른 잎을 가진 나무 흑송, 오엽송, 노간주, 향나무, 주목 등이다.

② **화목류** : 꽃의 아름다움을 계절에 따라 강하게 나타내 주는 것으로 실물류와 상통하는 매력을 느끼게 하는 수종이다. 매화, 철쭉, 수사해당, 애기사과 등.

③ **실물류** : 봄에는 아름다운 잎과 더불어 꽃을 피우고 그 아름다움을 감상하고 나면 열매가 맺어 계절 감각은 물론 열매의 아름다움도 감상하는 것으로 여성들이 즐겨 가꾸는 수종이다. 애기사과, 홍자단, 배, 모과, 산감, 피라칸사, 으름덩굴, 보리수, 아그배, 살구 등.

④ **잡목류** : 송백류를 제외한 모든 나무를 잡목이라 하는데 여기서는 화목류, 실물류를 제외한 나무의 줄기와 가지를 감상하는 것을 잡목류로 분류하고자 한다. 단풍나무, 느티나무, 소사나무, 비즘나무, 느릅

〈송백류〉

〈화목류〉

〈잡목류〉

〈실물류〉

나무, 겸양옻나무, 은행나무 등이 있다.

6) 분재용으로 갖추어야 할 조건

어떠한 종류의 식물이라도 분에 심을 수 있고 잘 가꾸기만 하면 훌륭한 분재를 만들 수 있다. 그러나 기르기 쉬운 것만이 좋은 분재는 아니다. 되도록이면 빠른 시일에 형태가 잡히면서 분재의 품위를 더해 가는 것이 좋은 것이다.

(1) 훌륭한 분재용 나무

① 잎이 작은 나무
② 잔가지가 잘 만들어지는 나무
③ 등치기와 줄기에 고색 고태가 나는 나무
④ 자라는 모습이 힘이 있어 보이는 나무
⑤ 뿌리 발달이 튼튼해 보이는 나무
⑥ 줄기의 가지가 팔방성인 나무
⑦ 소형인 나무
⑧ 안정감이 나타나는 나무

공간미 (空間美)

분재는 소재, 돌, 분, 이끼 등의 조합이 자연과 같도록 만들어지는 것이다.

따라서 그 구성에 있어서는 적당한 공간을 갖음으로써 시원스럽고 경쾌한 느낌을 갖도록 구성되어야 한다. 용트림한 줄기가 갖는 여유공간, 가지의 시원스러운 공간, 나무와 나무사이의 공간, 나무와 분과의 공간 등 심는 위치와 방법에 따라 변화될 수 있다.

명목 분재란 넓고 넓은 평야, 높고 높은 하늘, 깊고 깊은 계곡을 연상할 수 있도록 공간을 만들어 연출시켜 놓은 분재를 명목이라 할 수 있다.

(2) 분재용 나무 종류

〈표 - 1〉 **분재나무의 종류**

수 종	특 징	수 종	특 징
송 백 류		매 화 나 무	작은 꽃, 향기
해송(흑송)	남성다운 씩씩한 느낌	황 매	〃
적 송	부드럽고 온화한 느낌	해 당 화	꽃, 열매
금 송	표피가 노숙한 느낌	벗 나 무	꽃, 열매
오 엽 송	잎이 곧고 부드러운 느낌	장 수 매	꽃, 열매
가 문 비	녹음이 선명함	개 나 리	꽃, 줄기
삼 나 무	잔 가지가 왕성함	동 백 나 무	잎, 꽃
두 송	강인한 느낌	앵 두 나 무	열 매
진 백	엽색이 아름답다.	치 자 나 무	잎, 열매
편 백	안 정 감	등 나 무	꽃
화 백	잎의 녹음이 귀여운 느낌	단 풍 나 무	잎, 단풍
잡 목 류		석 류 나 무	열매, 꽃
화 살 나 무	단풍, 열매	자 귀 나 무	꽃, 잎
느 티 나 무	잎, 가지	느 릅 나 무	잎, 잔가지
팽 나 무	〃	보 리 수	열 매
소 사 나 무	잔 가지와 잎	대 추 나 무	열 매
정 금 나 무	상록의 잎, 열매	배 나 무	열 매
제사리나무	〃	심 산 해 당	열 매
서 나 무	잎, 가지	쥐 똥 나 무	잎, 잔가지, 열매
담 쟁 이 덩 굴	잎, 줄기	살 구 나 무	열매, 꽃
으 름 덩 굴	열 매	모 과 나 무	열 매
나도매화나무	잎	돌 배 나 무	열 매
산 사 나 무	열 매	**초 류**	
피 라 칸 사	열 매	석 창 포	잎
홍 자 단	열 매	갈 대	줄기, 잎
매 자 나 무	잎, 열매	대 나 무	잎, 줄기
은 행 나 무	잎, 단풍	오 죽	〃
서 나 무	잎, 단풍	풍 란	돌에 붙은 몸매
중 국 단 풍	잎, 단풍		

(3) 잔가지를 무성하게 하는 법

─── 잔뿌리와 잔가지 ───

잔뿌리와 잔가지는 밀접한 관계가 있다.

곧은 뿌리가 곧은 줄기를 만들고 잔뿌리가 잔가지를 무성하게 만든다. 또 분갈이를 자주하여 잔뿌리를 많이 나게 함으로써 수세도 왕성해지고 잔가지도 많이 나게 됨을 명심해야 한다.

가지 상태는 뿌리와 매우 밀접한 관계가 있다. 굵은 뿌리가 깊게 뻗어 있을 경우에는 곧은 가지가 많고 잔뿌리가 많을 때는 잔가지가 무성하게 자란다. 따라서 분갈이를 해서 항상 잔뿌리가 많이 나게 되면 잔가지도 무성하게 된다. 세력이 왕성한 잔가지는 계속 적심을 함으로써 가지를 더욱 많이 만들게 된다는 것을 명심해 둔다.

─── 뿌리와 가지 전정 ───

분재가 작은 분 속에서 오랜 세월을 살아 간다는 것은 뿌리를 전지하여 새 뿌리를 만들어 주기 때문이다. 뿌리를 방치해 두면 노쇠화되어 활력을 잃게 되므로 나무가 약해지지만 뿌리를 잘라 주게 되면 새 뿌리가 만들어져서 활력이 넘치는 싱싱함을 오래 지속하게 되는 것이다.

뿌리 전지를 대담하게 함으로써 나무의 수세가 강해져 가지가 굵게 자라고 나무형이 잡힌다, 잔가지를 잘 자라게 하기 위해서는 분갈이를 할 때에 뿌리를 가볍게 절단해 주어야 수형이 흐트러지지 않으므로 어린 소재는 대담한 뿌리 전지로 소재를 빨리 자라도록 하는 것이 좋다. 노목인 경우는 뿌리를 가볍게 절단해 주는 것이 수형을 그대로 유지시킬 수 있는 요령이다.

제2장 분재 채취와 분갈이

―고귀한 분재―

일반 화분은 비교적 값이 싸지만 분재는 값이 상당히 고가인 것이 많다. 왜 분재는 값이 비싼가?

1) 오랜 세월이 걸리는 분재

명목 분재는 오랜 세월 동안 정성드려 가꾼 것으로 거기에는 대단한 노력과 기술, 그리고 자료가 투자되어 있다. 따라서 1년 정도의 정성으로 하나의 상품이 된 일반 화분과 오랜 정성을 드려 기른 분재와는 가격면에서 상당히 차이가 나게 되며 그래서 분재는 다른 수목보다 고귀한 것이다.

―전체 수형을 바로 잡는다―

소재의 뿌리 뻗음, 밑둥치, 줄기, 봉오리 등을 살펴보고 첫가지, 둘째가지의 상태를 파악한 후 수형을 구상할 때는 적당한 거리에서 소재 전체의 균형을 관찰한다. 또 수형을 파악한 다음 밑에서부터 가지 끝까지 자세히 관찰하면서 수형을 파악한다.

2) 좋은 소재는 귀하다

식물의 모습은 천태만상으로 인간의 개성처럼 각각 다른 특징을 가지고 있다.

또 모든 식물에는 그 나름대로 아름다움이 있지만 작은 분에 심을 수 있을 정도로 뿌리 뻗음이나 줄기 그리고 하나 하나의 가지 상태 등이 모두 조화를 이루어 잘 어울리는 것은 드물다.

가지를 자르고 비틀어 깎아내고 때로는 말리고 때로는 거름을 주어

가며 형태를 고칠 수 있지만 수목이 타고난 본래의 성질은 고칠 수 없는 것이다. 따라서 본래부터 분재용으로 알맞는 소재는 드물기 때문에 분재의 가치는 더 큰 희소성을 갖는 것이다.

3) 소재를 입수하는 방법

- 좋은 소재의 조건 -

① 잔뿌리가 많은 것.
② 뿌리 뻗음이 사방으로 틈실한 것
③ 상처가 적거나 없는 것을 고를 것.
④ 자연스러운 미를 겸비한 것을 고를 것.
⑤ 되도록이면 병충해가 없을 것.

먼저 소재를 입수해 보자

분재를 모르더라도 소재가 생기면 분에 심어 보도록 한다. 분재에 애착을 느끼게 되면 해가 갈수록 수형을 생각하게 되고 싹이 돋아나는 것도 관찰하게 되고 급수를 하다보면 비료도 주게 되는 것이다. 그러는 동안에 분재원을 찾아 분재를 감상하게 되고 자신도 모르게 분재를 즐기다보면 순치기, 가지치기, 철사걸이를 배움으로써 안목이 높아져 손질하는 즐거움도 느껴 분재를 알게 된다. 초보자는 이렇게 해서 분재와 가까워지는 비결을 배우게 되는 것이다.

소재를 구입하는 방법은 여러가지가 있으나 대략 야생 채취법, 취목법, 삽목법, 실생법, 접목법 등으로 분류할 수 있다. 그중 실제 분재인이 선택하는 몇 가지만 설명하고자 한다.

(1) 야생 채취법

산야에 널려 있는 수목들 중에서 분재로서의 격식이 어느 정도 갖추어졌다면 채취분에 올려 놓는다. 이것이 오랜 세월 동안 자란 소재를 가장 손쉽게 구하는 방법 중에 하나이다.

 채취의 시기 : 야생 채취는 일년중 어느 때나 가능하다. 시기에 따라 발근이 늦어지고 빨라지는 차이는 있으나 시기에 너무 관심을 두지 않아도 좋다. 다만, 관리 방법이 다를 뿐이다.

 식물은 보통 22~23℃가 발근에 적당한 온도이므로 온도 조절을 잘 해줌과 동시에 습도조절, 세균번식 방지에 승패가 좌우됨을 명심해 두어야 한다.

 다음은 필자가 경험한 계절별 관리법을 간단히 소개하고자 한다.

 봄 : 채취된 수목을 분에 심어 늦추위를 막아 주고 온도를 23℃ 전후가 되도록 하여 비닐하우스나 프레임에 넣어 준 다음 엽수로서 수목의 건조를 방지한다. 급수를 조절함과 동시에 세균 번식으로 뿌리가 썩는 것을 방지해 주면 실패없이 착근시킬 수 있다.

 여름 : 온도가 23℃ 이상 고온일 때는 식물이 성장을 멈추고 휴면기에 들어가므로 채취의 적기라 할 수 있다. 잡목류는 잎을 완전히 따 주어 수분 증발을 막아 주고 엽수를 자주하여 나무의 건조를 막아 준다.

 온도를 조절하여 주면 활착이 대단히 빠르지만 송백류는 뿌리를 절단한 것만큼 가지를 절단하여 균형을 이루게 하고 엽수를 자주하여 나무의 건조를 막아 준다. 급수는 잡목의 1/3 정도로 조절하는기술이야말로 활착시킬 수 있는 비결이라 하겠다.

 가을 : 채취목을 가을에 활착시키면 다음 봄에 활착시키는 것보다 1년을 이득 보게 되지만 너무 늦은 가을에 채취하였을 때는 온도조절이 곤란하여 봄까지 기다리는 번거로움이 생긴다. 겨울철 동해를 입을 염려가 있으니 동해를 방지할 수 있는 시설이 필요하다.

 겨울 : 산야에 있는 모든 수목이 겨울 휴면기에 들어 갔으므로 마음 놓고 채취할 수 있는 시기이다. 채취한 나무는 뿌리 절단 부분이 동해를 입지 않도록 하면 실패없이 성공시킬 수 있는 시기이다.

야생채취조건

야생채취의 도구와 소재는 다음과 같다.

① **도구** : 톱, 곡괭이, 가위, 비닐, 고무줄, 신문지

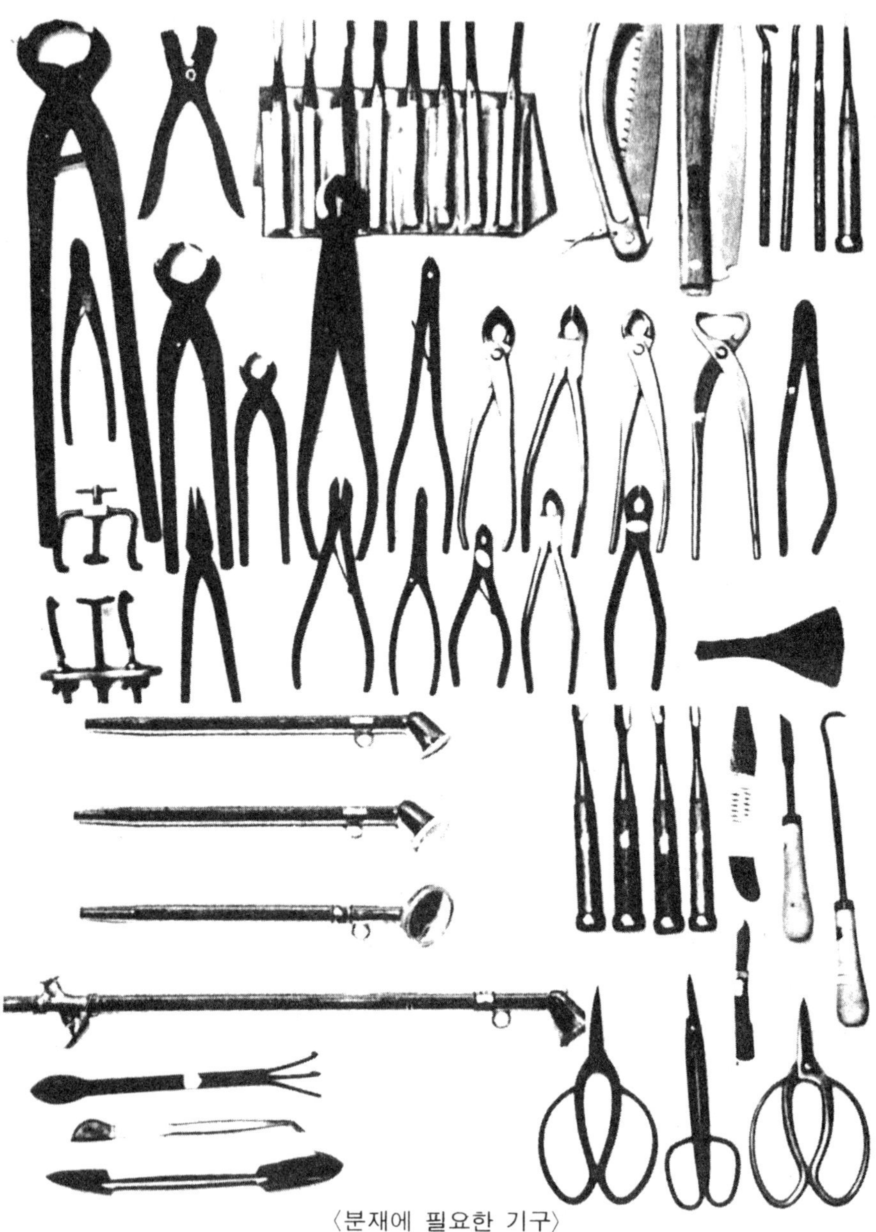

〈분재에 필요한 기구〉

② **야생 채취 소재** : 야생 채취에는 무엇보다 자연을 해치치 않는 범위 안에서 소재를 선택하여 소재의 조건에 알맞은 것을 채취한다.

③ **야생 소재의 조건** :

㉮ 잔가지가 많은 소재

㉯ 밑둥치의 느낌이 좋은 것

㉰ 잔뿌리가 많을 것

㉱ 작고 예쁜 것

채취방법

선택된 소재를 채취하려면 다음과 같다.

① 소재 주위의 잡초를 제거한 다음 2cm 정도의 흙을 긁어 낸 후 뿌리가 뻗어난 상태를 자세히 관찰하여 미래의 수형을 구상하고 충분히 조사 검토해서 판단하여야 한다.

② 소재 채취 여부가 결정되면 수형을 구상하면서 가지를 정리한다.

③ 소재 주위를 적당한 크기로 파내며 굳은 뿌리는 잘라내고 잔뿌리를 보호하면서 파낸다.

④ 소재 목을 완전히 파낸 다음 대충 뿌리를 정리한다.

⑤ 뿌리의 건조를 막기 위하여 비닐로 뿌리 부분을 싸 준다.

⑥ 운반한 소재는 우선 비닐을 벗기고 소재에 찬물로 엽수를 준 다음 예리한 가위로 뿌리를 다시 다듬어 준다.

⑦ 분에 심은 후에는 나무가 고정되도록 조치를 취한다.

⑧ 소재의 미래를 구상하면서 가지를 정리하고 상처 부위에는 상처 보호제를 발라 준다.

⑨ 엽수를 주면서 음지에서 1주 정도 관리한 다음 서서히 분재대로 옮겨 햇빛을 충분히 받게 하고 활착된 분재는 분재대에서 일반 관리하며 수형을 잡도록 한다.

시비 : 야생 채취한 분재는 뿌리가 충분히 활착되어 새가지가 자라날 때까지는 시비를 하지 않아도 분재에 아무런 지장을 초래하지 않는다.

햇빛 : 새순이 성장함에 따라 햇빛의 양도 늘려야 한다. 필자의 경험으로는 송백류는 1주일 정도, 잡목류는 10일 정도 음지에 놓아 두는 것

이 이상적이다.

〈뿌리와 가지의 균형〉

가장 안전하게 착근시키는 방법

① 깨끗한 분토를 사용한다.
② 뿌리 사이의 공간이 생기지 않도록 흙을 채운다.
③ 잎이 직사광선을 받지 않도록 한다.
④ 통풍을 막아 준다.
⑤ 뿌리는 물을 적게 주고 엽수를 자주 준다.
⑥ 줄기와 가지의 온도보다 뿌리부분의 온도가 높도록 한다.
⑦ 뿌리와 가지가 균형을 이루게 한다.

(2) 취목법

수목은 뿌리가 흡수한 양분이 나무 질을 통해 일단 운반되면 이것은 잎에서 생장에 필요한 물질로 합성되고 다시 형성층을 통해 각 조직에 전달된다.

따라서 인간의 혈관과도 같은 이 부름켜를 도려내면 잎에서 합성된 물질이 도려낸 아래 조직으로는 전달되지 않아 그 윗가지에만 양분이 넘치게 되고 이에 따라 도려낸 부분의 윗가지만 충실해진다. 또한 형성층을 박피한 부분에는 리조자린이란 발근 촉진물이 많이 모여지는데 이와 같이 좋은 발근 조건을 지닌 가지에서 뿌리가 나와 발달하게 된다. 이와 같이 하여 발달된 뿌리를 성숙시킨 후 뿌리 밑 부분을 잘라 분에 옮겨 심는 방법으로 일시에 튼실한 분재 소재를 얻을 수 있는 장점이 있다.

　시기 : 잡목류는 대부분 취목이 잘 되나 송백류는 2년이 걸리는 경우도 있다. 수목의 잎이 완전히 자란 6월 하순이나 7월 상순이 적기라 할 수 있다.

취목방법

① 먼저 취목할 가지를 선정한다.
② 예리한 칼로 박피를 한다(직경의 1.5~2배).
③ 박피한 부분에 황토를 붙인다(3cm~4cm).
④ 황토를 붙인 부위를 이끼로 싼다.
⑤ 이끼를 싼 부분을 투명 비닐로 싸고 물을 줄 수 있는 부분과 배수 부분을 만들어 준다.

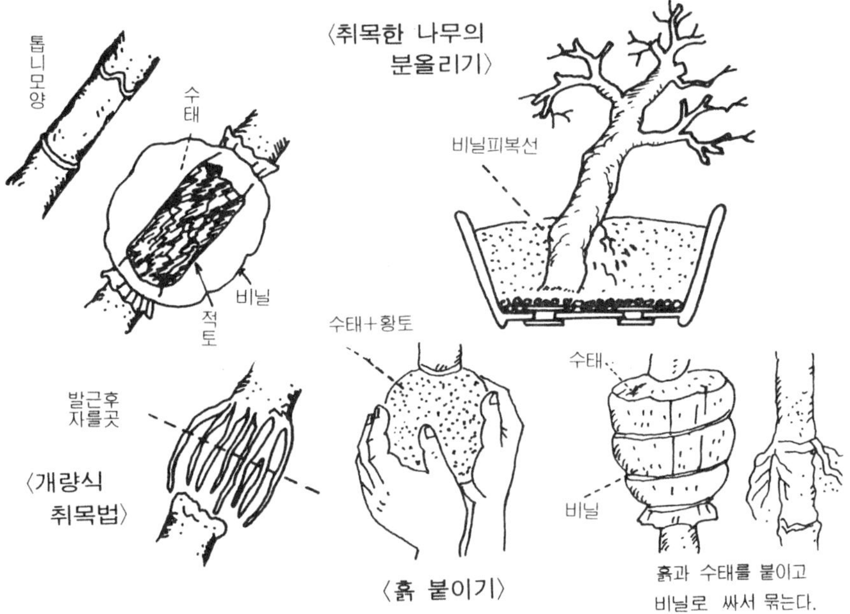

〈표 - 2〉 취목에 적당한 수종과 시기

수　　　종	시　　　기	수　　　종	시　　　기
가 문 비 나 무	6 월 ~ 7 월	석 류 나 무	7 월 ~ 8 월
진　　　백	〃	애 기 사 과	6 월 ~ 7 월
담 쟁 이 덩 굴	〃	꽃 사 과	〃
철　　　쭉	〃	왕 보 리 수	〃
단 풍 나 무	〃	산 사 나 무	〃
느 티 나 무	〃	벚 나 무	〃
은 행 나 무	〃	피 라 칸 사	〃
화 살 나 무	〃	느 릅 나 무	〃
으 름 덩 굴	〃	정 금 나 무	〃
장 수 매	〃	홍 자 단	〃
모 과 나 무	5 월 ~ 6 월	때 죽 나 무	〃
동 백 나 무	〃	목 백 일 홍	〃
삼 나 무	〃	소 사 나 무	〃
매 화 나 무	〃		

이렇게 하여 1~2개월 관리하면 발근이 시작된다. 발근후 뿌리가 굳어지면 발근 부분을 잘라 분에 옮겨 심고 1주일 정도 음지에서 관리한 후 일반 분재와 같이 관리한다.

(3) 삽목법

식물은 어느 것이나 삽목을 할 수 있으나 식물이 발근할 수 있는 조건을 인간이 만들어 주느냐 못 만들어 주느냐에 따라 발근의 승패가 좌우된다. 현재의 조직을 배양하여 뿌리를 만들고 줄기를 만들어 하나의 생명체를 탄생시키는 분재는 분재인이 조금만 더 연구한다면 삽목으로 발근시키는 일은 그다지 어렵지 않다고 생각한다.

삽목 순서

① 배수와 보습성이 좋도록 삽목상을 만든다.

② 삽목상에 물을 주어 수분을 보충해 간다.

③ 삽수를 적당한 간격으로 꽂는다.

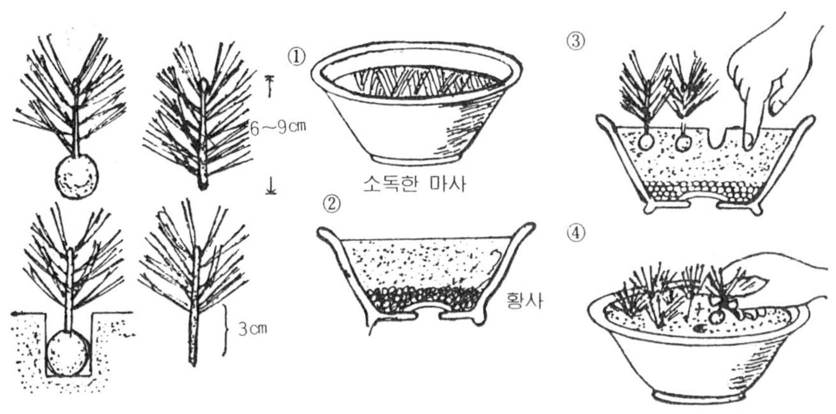

④ 물은 충분히 흡수시킨 다음 건조하지 않도록 관리한다.

삽목후의 관리

삽목판에 삽수를 꽂은 후 1주일 정도는 계속해서 수분 증발량이 늘어 나기 때문에 시들기 쉽다. 따라서 이 기간 동안은 물 주는 일이나 건조 방지에 특히 주의해야 한다. 또 삽목한 묘판에는 강한 직사 광선이나 바람을 막아 주고 삽수가 건조하지 않도록 각별히 주의해야 한다. 이 기간이 지나면 수분 증발량이 적어져 웬만해서는 시들지 않으므로 물뿌림을 자주하지 않아도 된다.

이때 시들지 않는 한도 내에서 햇빛의 양을 충분히 받도록 하면 발근이 더욱 촉진된다. 대개 발근은 1, 2개월 사이에 이루어지는데 일단 발근하면 물은 조금씩 주어야 한다. 이 무렵 물을 너무 많이 주면 뿌리가 질식되어 부패될 우려가 있다. 발근상태는 새싹의 움직임으로 쉽게 알 수 있다. 삽목후 바로 싹이 자라는 묘목은 실패한 것으로 보아도 무방하다. 삽목후 1개월 정도 지난후 새싹이 자라는 묘는 발근이 정상적으로 이루어진 충실한 묘라 할 수 있다.

삽수의 이식

삽목한 후 뿌리가 3~5cm 정도로 자라면 분에 이식하여야 한다.

이식후 관리 : 이식한 묘는 불안정하여 가벼운 충격에도 쓰러진다. 따라서 수압이 높은 물 뿌리개를 사용하여야 하고 1주일 정도는 음지에

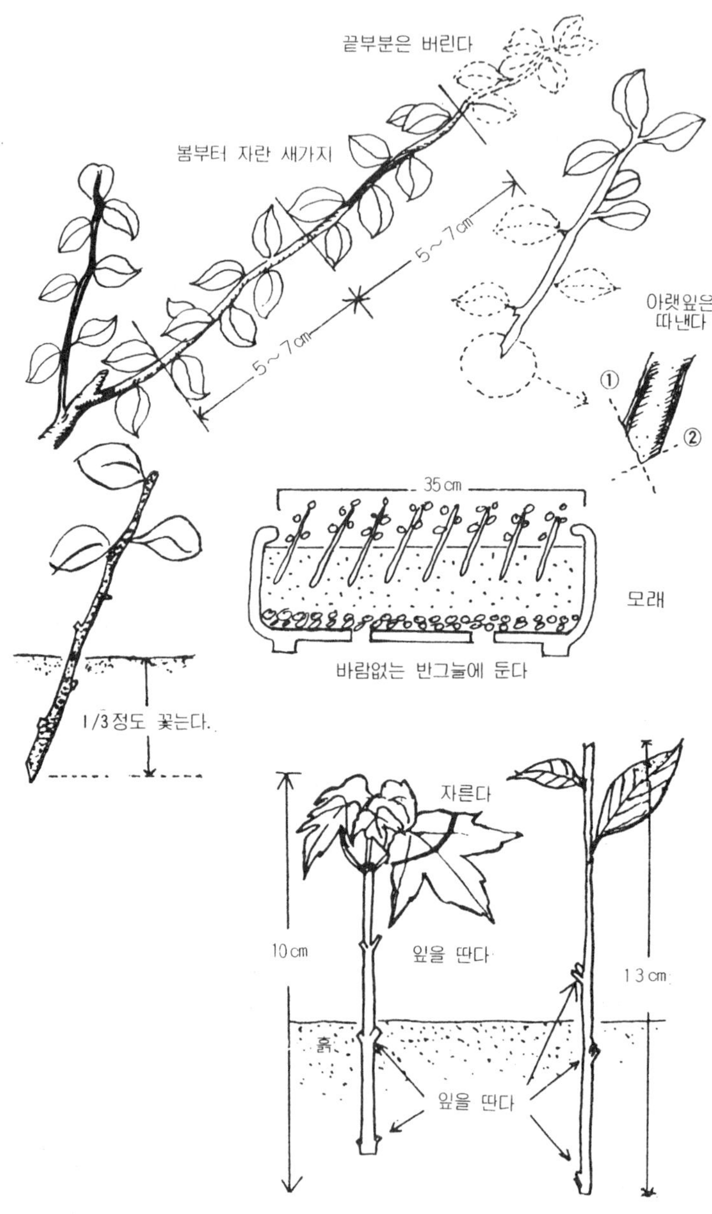
끝부분은 버린다
봄부터 자란 새가지
5~7cm
5~7cm
아랫잎은
따낸다
①
②
35 cm
모래
바람없는 반그늘에 둔다
1/3정도 꽂는다.
자른다
10 cm
잎을 딴다
13 cm
흙
잎을 딴다

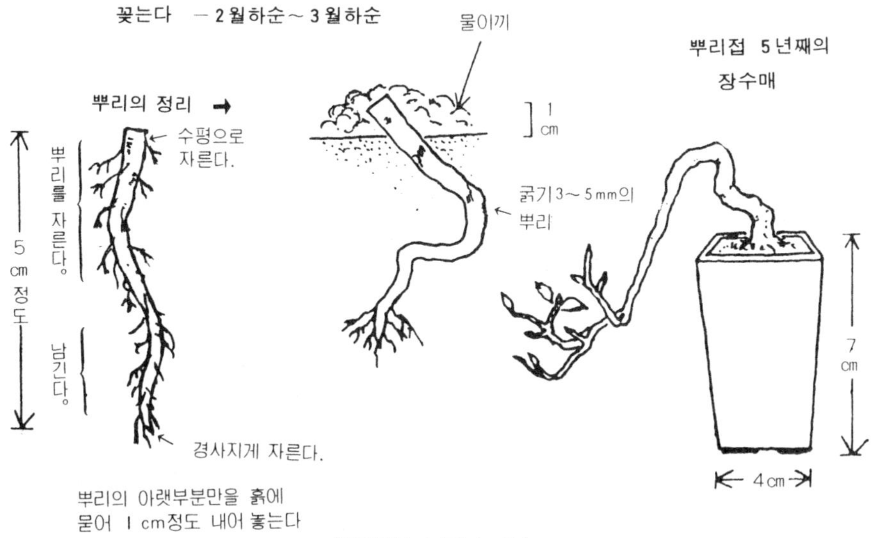

〈뿌리꽂이(장수매)〉

〈표-3〉 삽목이 잘 되는 나무와 시기

수　종	시　기	수　종	시　기
진백	4~7월	배롱나무	3~7월
두송	3월 상순	석류나무	3월
삼나무	3~7월	등나무	〃
치자나무	〃	으름나무	〃
동백나무	〃	정금나무	〃
피라칸사	〃	보리수	〃
단풍나무	3월	모과나무	〃
라인골드류	3~7월	산사나무	〃
철쭉	〃	팽나무	〃
매화	3월	장미	〃
벚나무	〃		

서 관리한다. 그후 서서히 햇빛을 받게 하며 2주 정도 관리한 다음 일반 분재와 같이 관리하도록 한다.

(4) 실생법

종자를 파종하여 묘목을 만드는 방법으로 잡목류는 생장이 빨라 몇 년 동안만 비배관리를 잘 하다 보면 분재에 사용할 묘목이 된다. 그리 하여 이것으로 소품분재나 합식분재를 만들면 다음 해에 즐길 수 있는 분재가 탄생된다. 그렇게 함으로써 실생으로 자연스럽고 상처가 없는, 밑 둥우리가 아름다운 분재를 만들 수 있으며 삽목이나 잡목에서 찾아 볼 수 없는 독특한 아름다움을 지닌 분재를 즐길 수 있다.

파종

① **종자 구하기** : 종묘상에서 구입하는 경우도 있으나 야생이나 정원 수에서 직접 종자를 수집할 수 있다.

② **파종기** : 파종에 적당한 시기는 일반적으로 봄, 가을이다. 그러나 가을에 구한 종자는 가을에 반드시 파종해야 발아율이 좋으며 봄에 파 종한 것보다 발육도 좋다고 할 수 있다. 또한 느티나무나 단풍나무와 같이 종자가 단단하고 건조한 것은 봄에 파종해도 좋으나 과육으로 싸 여 있는 씨앗은 가을에 파종해야 발육이 잘 된다.

③ **종자 저장법** : 수목종자의 대부분은 건조시키면 발아율이 매우 떨 어지고 산수유와 같은 수종은 1년간 땅속에서 지나야 발아가 되는 것 도 있다. 그러므로 종자는 따는대로 깨끗이 씻어 가지고 모래와 고루 섞어 땅속에 묻어 두었다가 이듬해 봄 일찍 파내어 파종하든가 수집 즉 시 파종하든가 해야 된다.

④ **발아조건** : 발아조건은 적당한 수분과 온도 등 두 가지 조건이 필

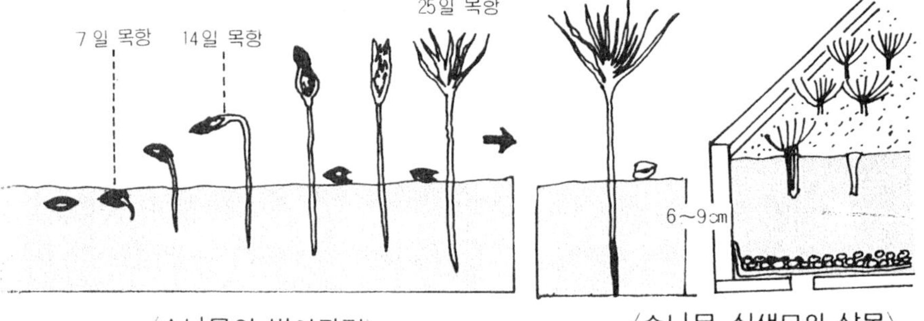

〈소나무의 발아과정〉　　　　　〈소나무 실생묘의 삽목〉

요하다.

　발아의 적온은 물론 수종에 따라 약간의 차이는 있지만 섭씨 22℃ 정도가 적당하다. 종자의 온도가 15℃ 이하거나 35℃ 이상 사이이면 발아가 되지 않는다고 해도 무방하다.

　⑤ **파종법** : 화분에 파종할 때는 비료분이 없는 깨끗한 흙을 사용하는 깃이 좋으며 배수가 잘 되는 흙을 사용하는 것이 이상적이다. 씨앗은 촉이 트는 배꼽을 옆으로 놓이게 뿌린다. 배꼽이 위로 가게 뿌리면 뿌리가 다시 밑으로 굽어져서 못쓰게 된다.

　종자는 종자 지름의 1.5배~2배 정도 되게 모래를 덮고 짚을 얇게 깔아 주거나 비닐을 쳐 준다. 그렇게 해 주어야 습기를 보존해줌과 동시에 온도를 높이는 이중효과를 얻을 수 있다.

　⑥ **파종판 관리** : 종자를 파종하였을 때 종자는 저항력이 강하나 일단 수분을 흡수하여 발아가 시작될 때는 온도, 습도에 매우 약해진다. 따라서 종자를 파종하였을 때는 건조하거나 온도가 급작스럽게 변하지 않도록 관리해야 한다.

　⑦ **이식적기** : 종자는 발아후 1개월 정도를 자체 양분으로 자라게 된다. 따라서 발아하면 적당한 시기에 이식해 주어야 한다.

　가능하면 이른 봄에 이식하여야 비교적 회복이 빨라 상처에 대한 실패가 적다.

　⑧ **뿌리 자르기** : 이식할 때는 가장 중요한 것이 뿌리 자르기이다. 직근을 그대로 두고 이식하면 잔 뿌리의 발육을 억제할 뿐만 아니라 잔가지도 쇠퇴하게 되므로 수형이 나빠진다. 묘목의 뿌리를 잘라 버리면 죽지나 않을까 하는 걱정도 있지만 발아 후 새싹이 붙어 있는 동안은 어느 정도 상처가 나더라도 곧 새로운 뿌리를 내는 힘이 있으므로 그런 걱정은 하지 않아도 된다.

　뿌리를 정리할 때는 대담하게 잘라내어서 새 뿌리를 많이 나오게 함으로써 튼튼한 묘를 기를 수 있다.

(5) 접목법

삽목이나 실생으로 번식이 잘 되지 않은 것, 혹은 빨리 꽃이 피도록 하고자 할 때 접목을 하게 된다. 접목에는 가지 접붙이기를 비롯해서 눈접, 뿌리접 등 여러가지 방법이 있는데 그 기본적인 방법은 서로 비슷하다. 접목은 실생에 비해 좋은 나무의 성질을 그대로 유지시킬 수 있는 매우 편리한 번식법이다.

접목의 시기

① **가지접** : 접수는 휴면상태일 때가 가장 이상적이므로 일반적으로는 이른 봄이 적기이다.

② **눈접** : 수액이 잘 흐를 때가 좋으므로 장마철인 여름에 하는 것이 일반적이다.

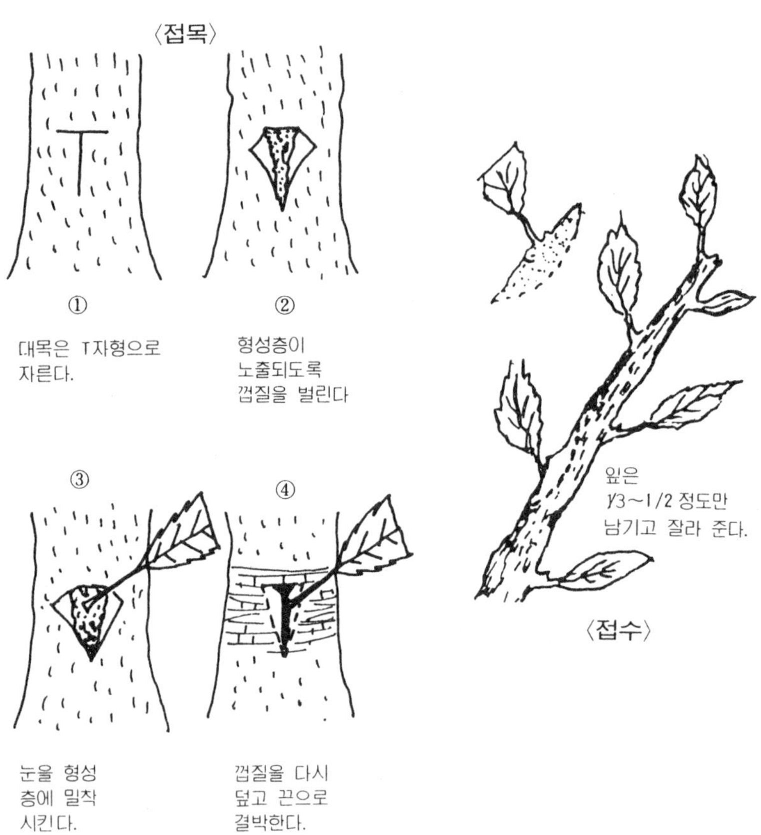

접목 방법

① **대목** : 대목은 뿌리 뻗음이 좋고 잔뿌리가 많은 것을 선택해 높이 7~9cm인 분에 심을 수 있을 만큼 뿌리를 잘라 낸다. 일반적으로 같은 수종의 대목을 택하지만 다른 종류의 나무를 대목으로 사용하기도 한다.

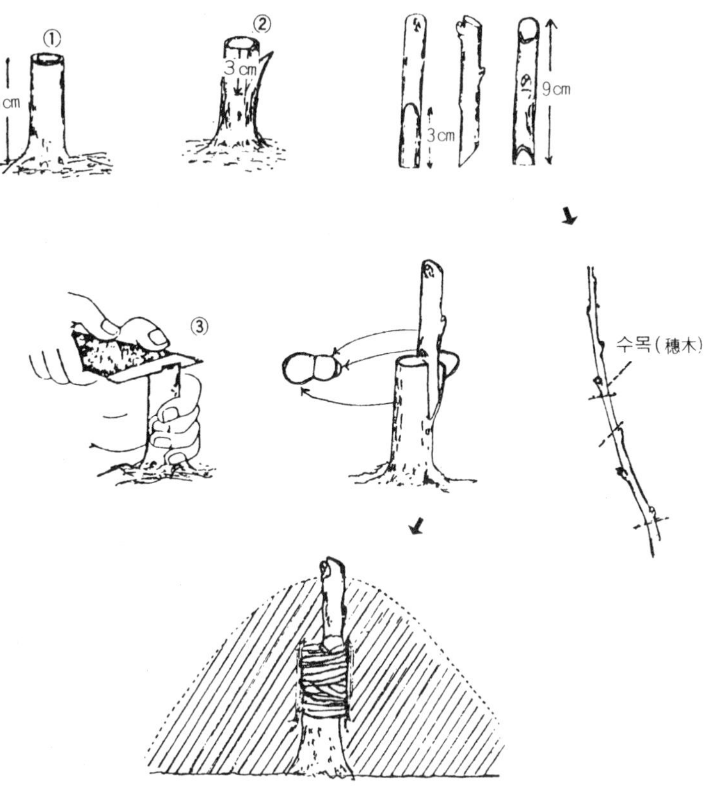

〈매화의 가지법〉

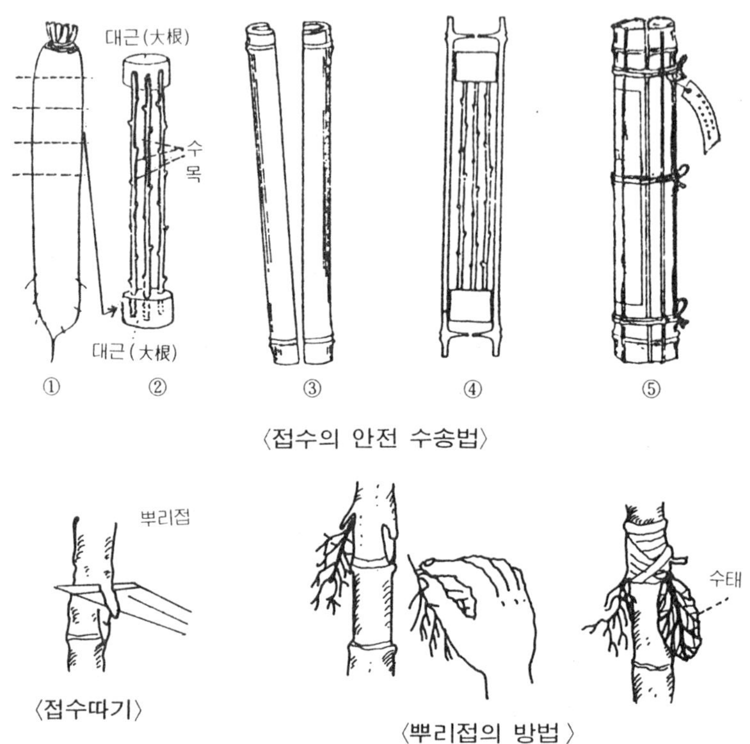

〈접수의 안전 수송법〉

〈접수따기〉

〈뿌리접의 방법〉

② **접순** : 접순의 형은 앞으로의 형을 축소한 것이라 할 수 있다. 따라서 충실하게 자란 가지를 선택하고 직간으로 기를 때는 곧바로 자란 가지를, 쌍간으로 기를 때는 쌍간으로 선택하는 것이 좋다. 접순은 자기가 원하는 형태의 접순을 골라 원하는 수형을 만들 수 있다.

접붙이기 순서

① 접수는 휴면기에 수집하여 마르지 않도록 보관한다.
② 접순의 아래잎을 따낸다.
③ 대목과 접수의 형성층을 정확하게 따낸다.
④ 접붙이는 부위를 예리한 칼로 매끈하게 자른다.
⑤ 대목과 접수가 움직이지 않도록 고정한다.

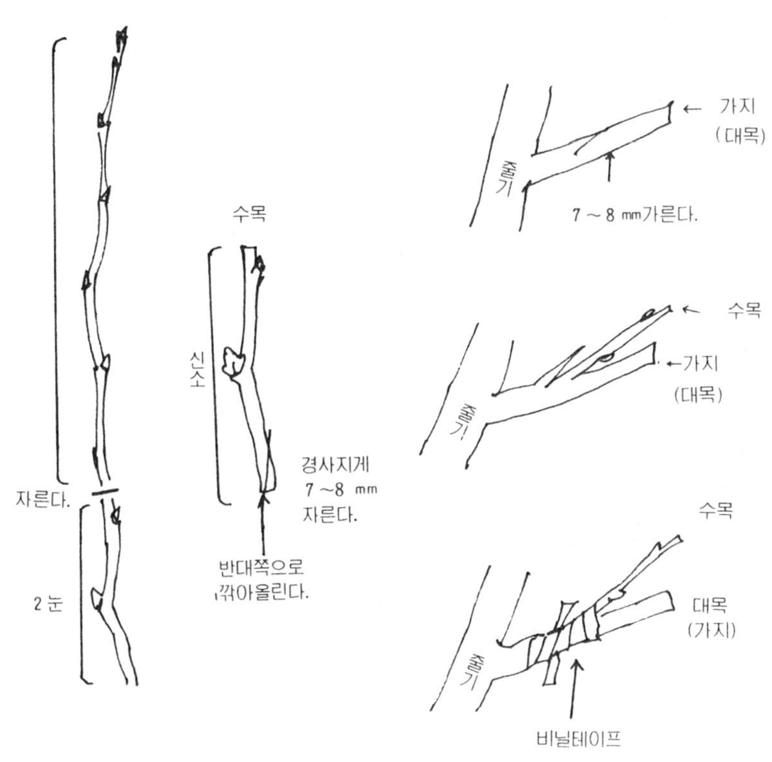

〈접순 만들기〉

⑥ 자른 부위는 접밀을 발라 건조를 방지하고 외부의 균을 막아 준다.

⑦ 접목하여 40일이 경과한 후 고정시킨 끈을 풀어 준다.

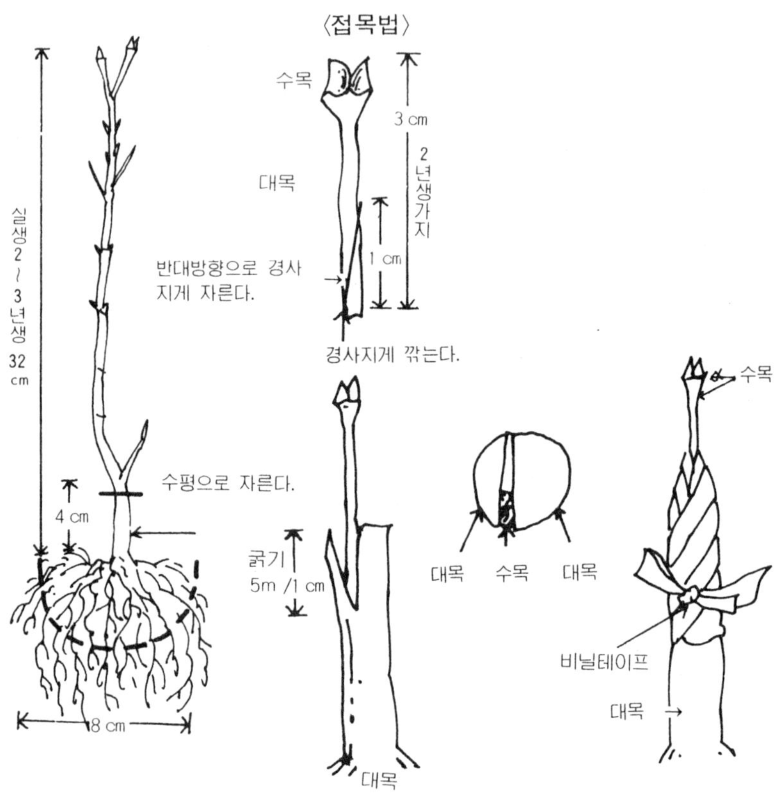

〈표 − 4〉 접목의 대목과 적기

수 종	대 목	적 기
오 엽 송	흑송, 적송	2 월
매 화 나 무	매화나무, 복숭아, 살구나무	3 월
단 풍 나 무	단 풍 나 무	2〜3 월
배 나 무	돌 배	3 월
장 미	찔 레	2 월
등 나 무	야생등나무	3 월
감 나 무	맹 감 나 무	3 월
금 송	흑 송	3 월

(6) 분재에 알맞는 토양선택

분재에 적당한 토양

분재용 흙은 자연을 연상할 수 있는 색깔, 질, 모양이 조화를 잘 이루어야 자연미를 연출할 수 있다. 나아가 흙, 분, 이끼 등 여러가지가

〈분재에 적당한 흙의 모양〉

종합된 것을 감상하는 것이 분재이다. 따라서 흙은 분재인 각자의 개
성에 따라 기본적인 흙을 만들어 사용하는 기술이 필요하다.

일반적으로 송백류는 산성토양, 잡목류는 알칼리성 흙을 중심으로 조
합하여 사용한다.

① 흙의 종류

일반적으로 입자의 크기가 0.01mm 이하의 것을 점토, 0.01∼2mm 정
도 크기의 입자를 모래라 한다. 흙의 종류는 지질에 따라 수없이 많은
데 이 중에서도 분재에 알맞는 흙은 입자를 크게 확대하여서 보았을 때
스폰지처럼 작은 구멍이 무수히 나 있는 것이 좋다. 이러한 흙은 물 빠
짐이 좋을 뿐 아니라 보수력도 역시 뛰어나게 좋기 때문이다.

수종에 따라 좋아하는 흙을 구체적으로 분류해 보면 다음과 같다.

〈표 – 5〉 수종에 따른 흙의 종류

흙의 종류	점토의 비율	잘 자라는 수종
사 양 토	12.5∼25%	해송, 오엽송, 적송, 두송, 진백, 해당화, 매화, 산벚나무, 동백
양 토	25∼37.5%	주목, 피라칸사 , 화살나무, 철쭉, 배롱나무
석 양 토	37.5∼50%	느티나무, 백합나무, 살구나무, 감나무 등 유실수

② 분재용 흙 만들기

수목은 제각기 좋아하는 흙이 다르다. 따라서 분재용 흙을 만들려면
이러한 나무의 성질을 감안하여야 한다. 분재용 흙은 어떠한 경우라도
가루흙을 사용해서는 안된다는 사실을 명심해야 한다.

분재용 흙을 만들 때는 각 지방에 따라 적당한 흙을 물색하여 공극
을 가진 것을 고른 다음 나무의 성질에 알맞은 모래, 부엽토 등을 적
당히 배합하여 사용하면 좋은 효과를 얻을 수 있다. 송백류는 거친 황
마사를 사용하고, 잡목류나 유실수는 모래와 부엽토를 혼합하여 사용
하는 것도 좋은 분재용 흙을 조합하는 요령이다. 지방과 사람에 따라
차이가 있으나 대략 비율은 다음과 같다.

〈표 - 6〉 흙의 배합비율표

수 종	부 엽 토	흙의 알맹이 크기			황 토
		2 ~ 4 mm	2 ~ 1 mm	1 - 0.5mm	0.5~0.01mm
송 백 류	5 %	80%	1		15%
진 백 류	2 %	70%	10%		18%
단 풍 류	20%	50%	20%	10%	
감	20%	50%	20%		10%
애 기 사 과	20%	50%	10%	10%	10%
모 과	20%	50%	10%	10%	10%
정 금 나 무	10%	50%	15%	5 %	20%
소 사 나 무	15%	60%	15%	10%	
느 티 나 무	20%	50%	15%	15%	
쥐 똥 나 무	20%	50%	15%	15%	

4) 분갈이

(1) 분갈이의 목적

분갈이의 목적은 묵은 흙을 새 흙으로 교환해 주어 물의 흡수를 좋게 하고 가지나 뿌리를 잘라 주어 신진대사를 원활히 해 주는데 있다. 때문에 분갈이는 특별한 경우를 제외하고는 송백류는 3~5년, 잡목류는 1~2년 안에 분갈이를 해 주어야 분재가 왕성하게 자랄 수 있다.

(2) 분갈이 방법

분갈이에 필요한 기구 전정가위, 핀셋트, 꽃삽, 철사, 망사, 물뿌리개, 뿌리가위, 흙쑤시개, 뺀찌.

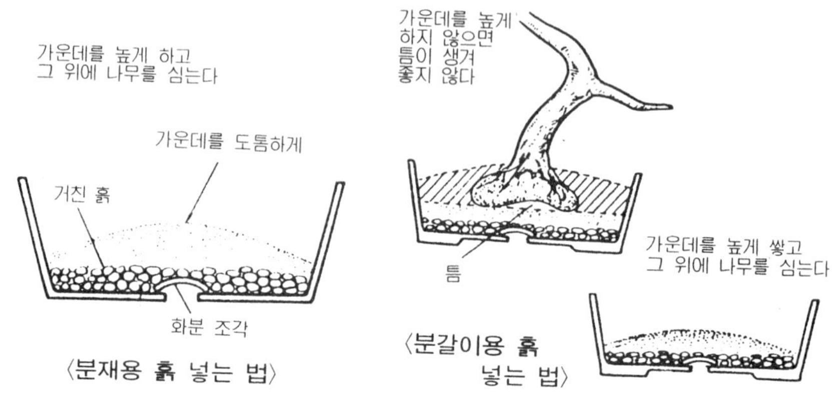

(3) 분갈이 순서

분재로 다년간 배양한 분은 뿌리가 분속에 꽉 차서 분이 잘 빠지지

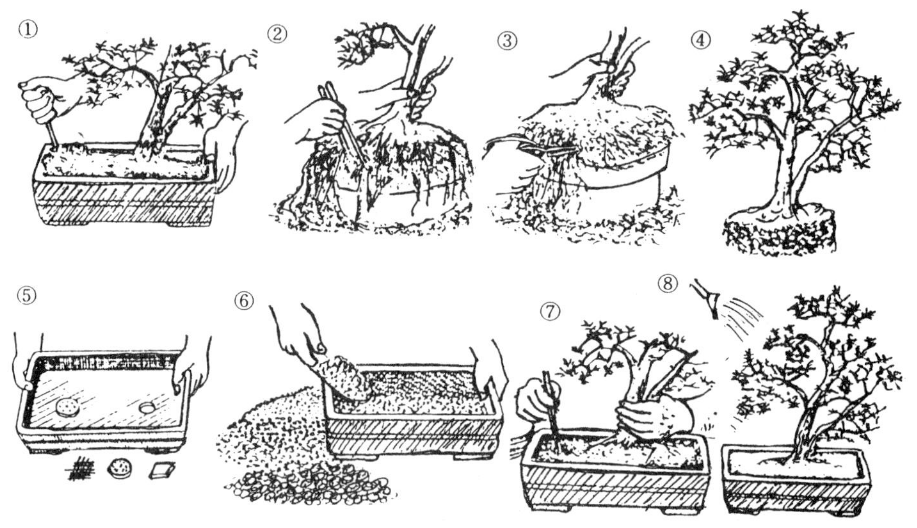

〈분갈이 순서와 방법〉

않으므로 분을 왼손에 들고 오른손으로 화분을 위에서 아래로 치면 분이 빠지게 된다.

어린 나무일 때는 밑에 깔았던 모래에서 가득찬 뿌리만 약간 정리한 다음 조금 큰 분재에 옮겨 심으면 된다.

고목일 경우

① 철쭉류, 매화, 석류 등 실뿌리가 많이 발달하였을 경우에는 묵은 흙을 완전히 제거한 다음 깨끗한 물로 씻어 해충과 균을 제거한다.

② 송백류일 경우는 흙을 완전히 털어 내지 말고 1/3정도만 털어낸 다음 뿌리와 가지의 손질이 끝나면 수목에 적당한 분토를 사용하여 심는다.

(4) 심는 요령

분 밑에 직경 3~4mm 정도의 모래로 물구멍을 덮은 후 수목에 적당

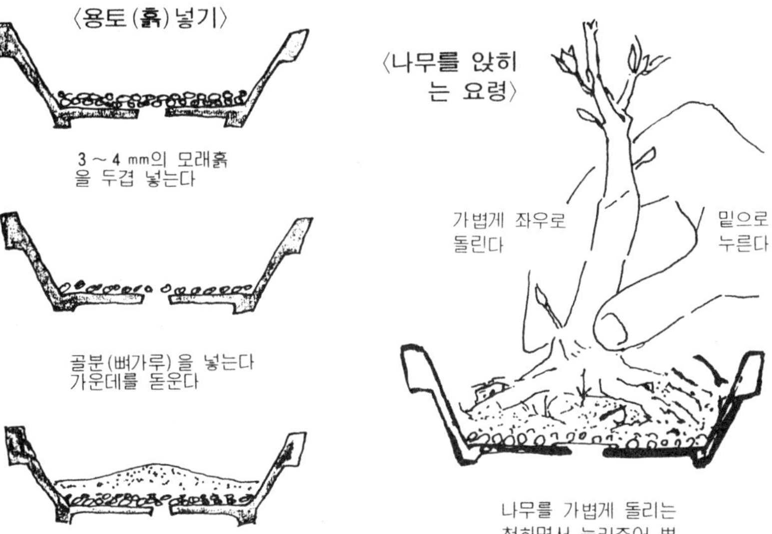

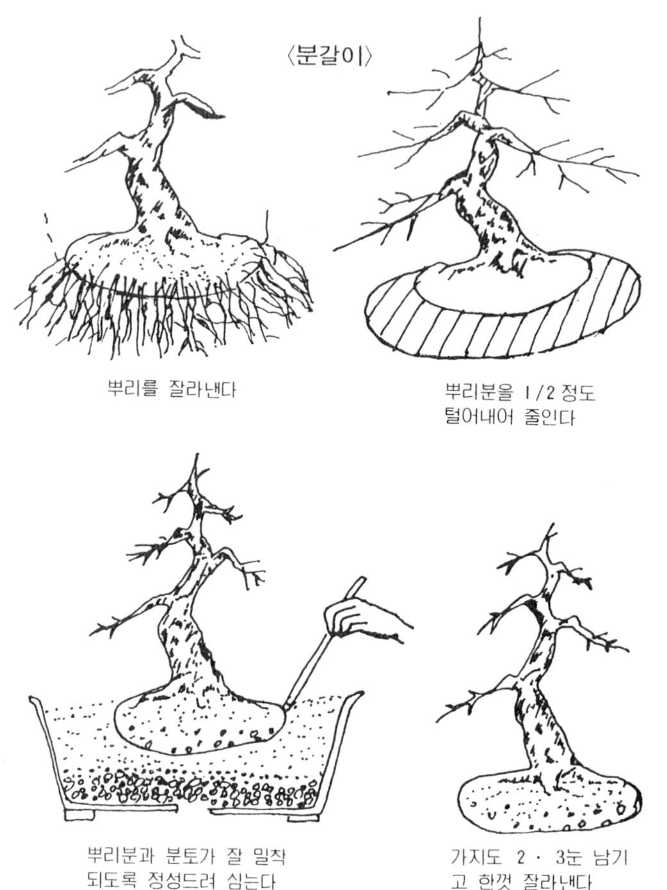

한 크기의 분토를 넣고 수목을 배치한 다음, 뿌리와 뿌리 사이에 분토가 고루 들어가도록 쑤시개로 쑤시며 흙을 화분 높이보다 약간 낮게 채운다.

　분갈이가 끝나면 화분 구멍으로 물이 흘러 나올 때까지 물을 흠뻑 준 다음 물이 빠지고 흙이 다져진 뒤에 이끼를 붙인다. 이끼가 부족할 때는 이끼를 잘게 부셔 분토 위에 뿌려주면 15일 후에는 이끼가 분토 위에 깔리게 된다.

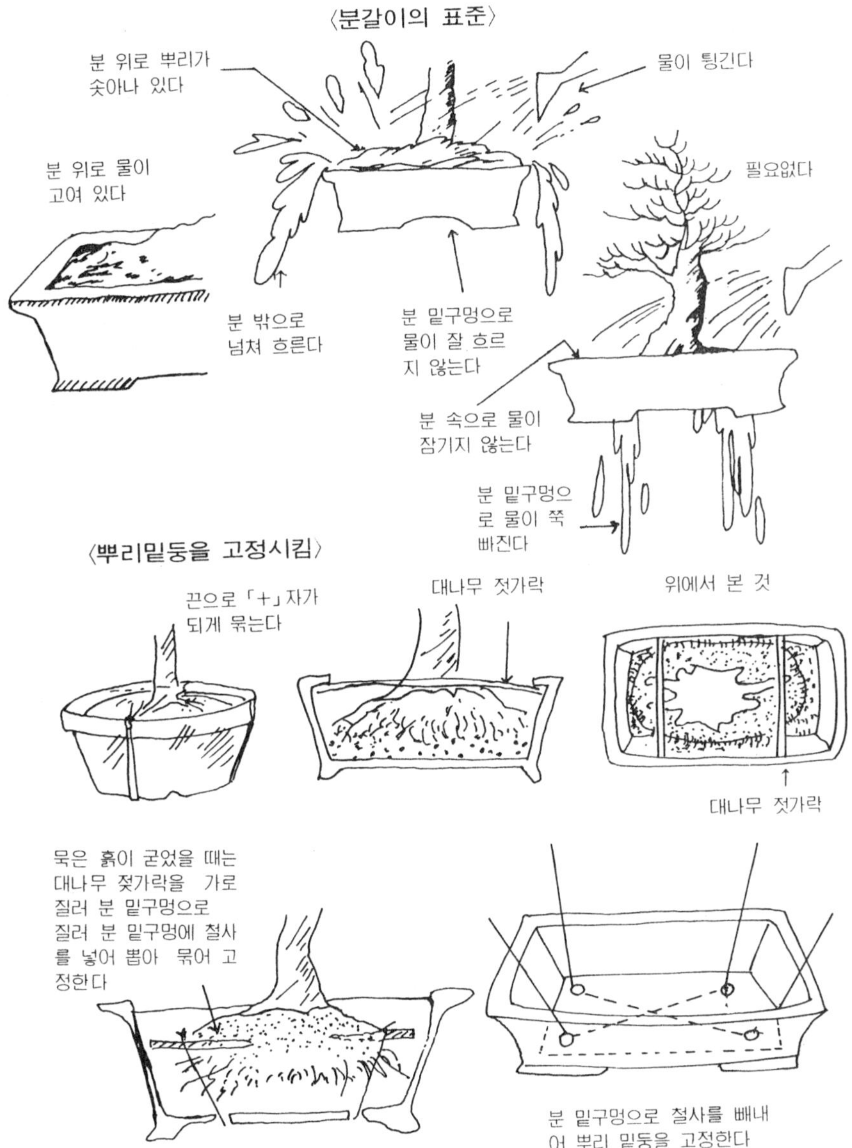
〈분갈이의 표준〉
분 위로 뿌리가 솟아나 있다
물이 튕긴다
분 위로 물이 고여 있다
필요없다
분 밖으로 넘쳐 흐른다
분 밑구멍으로 물이 잘 흐르지 않는다
분 속으로 물이 잠기지 않는다
분 밑구멍으로 물이 쭉 빠진다
〈뿌리밑둥을 고정시킴〉
끈으로 「+」자가 되게 묶는다
대나무 젓가락
위에서 본 것
대나무 젓가락
묵은 흙이 굳었을 때는 대나무 젓가락을 가로 질러 분 밑구멍으로 질러 분 밑구멍에 철사를 넣어 뽑아 묶어 고정한다
분 밑구멍으로 철사를 빼내어 뿌리 밑둥을 고정한다

(5) 분재의 위치

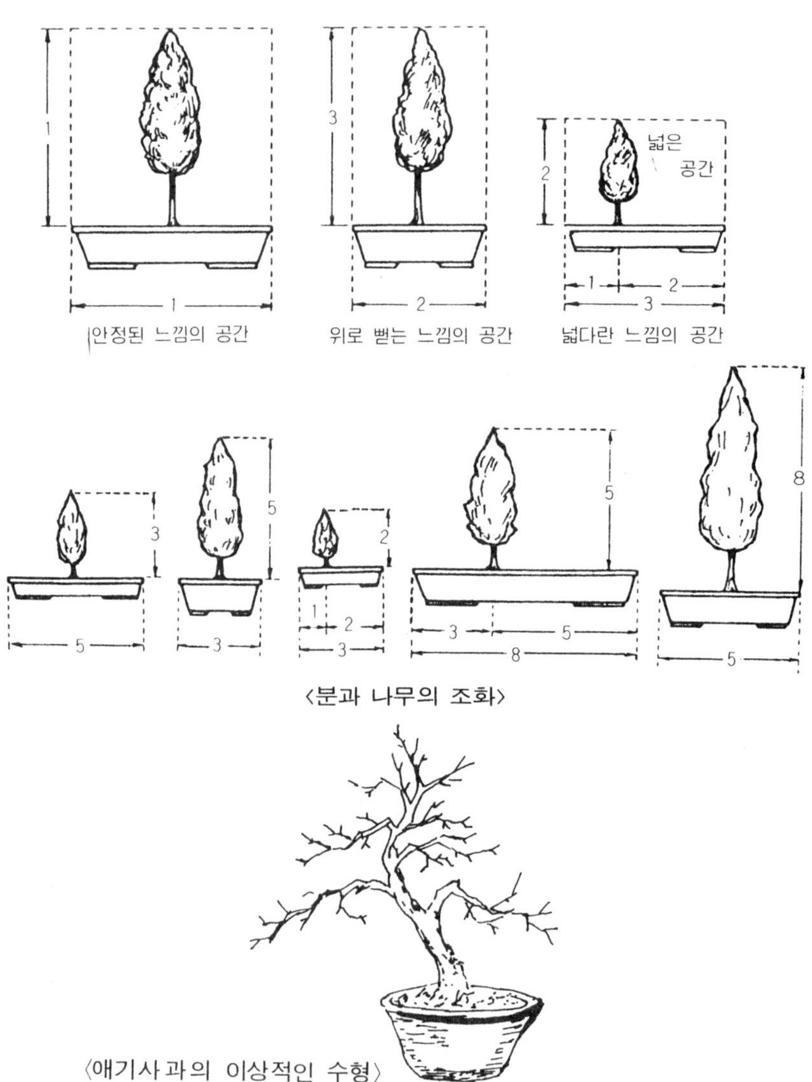

〈분과 나무의 조화〉

〈애기사과의 이상적인 수형〉

분의 모양, 색채, 심는 위치에 따라 관상가치가 달라지므로 잘 연구하여 심어야 한다. 단간인 경우 분의 중심점을 피하여 심는 것이 원칙이나 나무의 모양에 따라 다르다. 쌍간, 3간, 5간, 7간, 9간인 경우는 대소 장단을 잘 조화되도록 배치하여 사방에서 보아 주간이 서로 겹치지 않게 심되 원근감을 살려 울창한 숲을 연상하게 하면 된다.

(6) 분재관리

분갈이가 끝난 후 반 그늘에서 3~7일 정도는 물뿌리개로 잎에 물을 뿌려 건조를 방지한다. 또 줄기를 바로잡아 수형을 다듬으며 이끼를 입혀 분토를 아름답게 만들고, 8~10일이 경과하면 분재대에 내어놓아 일반관리를 한다.

〈표 - 7〉 수종별 분갈이 시기

수 종	분 갈 이 시 기	수 종	분 갈 이 시 기
진 백	3~4년 3월 7월	소 사 나 무	매년 3월 7월
해 송	4~5년 3월 7월	정 금 나 무	〃 3월
가 문 비	3~4년 3월	제 사 리 나 무	〃 3월
삼 나 무	3~4년 3월 7월	팔 방 삼 나 무	〃 3월 7월
두 송	4~5년 4월 8월	라 인 골 드	〃 3월 7월
치 자 나 무	매년 8월 10월	블 루 버 드	〃 3월 7월
동 백	〃 4월 9월	블 루 스 타	〃 3월 7월
일 본 모 과	〃 9월	홍 자 단	〃 3월 7월
피 라 칸 사	〃 3월 9월	보 리 수	〃 10월 3월
단 풍 나 무	〃 3월 7월	장 수 매	〃 3월
철 쭉	〃 4월	해 당 화	〃 3월 7월
느 티 나 무	〃 3월 7월	팽 나 무	〃 3월 7월
배 화	〃 3월	느 릅 나 무	〃 3월 7월
벚 나 무	〃 3월	밀 감	〃 3월 7월
목 백 일 홍	〃 3월 7월	매 자 나 무	〃 3월 7월
석 류 나 무	〃 3월		

5) 수형별 분갈이

(1) 분재수형

분재 수형의 의미

분재는 한 그루 나무의 아름다움만을 즐기려는 것이 아니고 그것이 지니고 있는 분위기라든지 또는 그것에서 연상되는 대자연의 풍경도 함께 느낄 수 있는 멋이 있다.

분재를 하기 위해서는 식물이 자라는 환경에 의해 어떻게 변화하고 적응해 나가는가를 잘 알아야 한다.

분재는 뿌리, 줄기, 가지, 잎, 꽃, 열매, 또 분 등 각 부분의 멋이 적절히 조화와 균형을 이루어 전체적인 아름다움을 구성하는 종합미의 세계이다. 또한 심산유곡, 들판과 바닷가에서 자생하고 있는 운치있는 노대 거목의 자태를 조그마한 분안에 이상적으로 축소시켜 재현하는 축경미의 세계이다.

이러한 면에서 분재작품의 완성을 이루고자 할 때 수형의 의미를 고찰하게 된다. 이 수형의 의미를 더욱 세련되게 나타내려고 한다면 우선 평소에 대 자연의 수립 풍경을 면밀히 관찰하여 심미안을 길러야 한다. 그리하여 자연수의 아름다운 정수를 마음속 깊이 간직하여 두었다가 이것을 바탕삼아 분재 작품을 구성해 나가야 한다. 자연 그대로를 분재 수형으로 옮겨 놓는 것이야말로 분재 가꾸기의 기교를 향상시키는 가장 중요한 핵심이 되는 것이다.

분재는 자연미의 이상화이기 때문에 자연에 가까워야 한다. 지구상의 곳곳에 자라고 있는 운치있고 품격높은 온갖 나무들을 바라보듯 분위에 담겨진 자연을 바라보며 감상할 수 있는 기쁨이야말로 분재인만이 즐길 수 있는 멋이다.

① **직간(곧은 나무)** : 줄기가 곧 바로 뻗어나는 나무를 가리킨다. 일반적으로 직간이라면 전나무를 연상하게 되는데 그보다 곧바로 뻗어 있어야 직간이 된다는 사실이다.

　또한 직간의 뿌리는 사방으로 뻗어나 있어 어느 방향에서 바람이 불어 오더라도 쓰러지지 않는 안정감이 있어야 하며, 줄기는 밑에서부터 꼭지까지 자연스럽게 뻗어 나면서 차츰 가늘어야 제멋을 풍긴다. 직간의 경우는 줄기나 가지에 상처나 마디가 생기면 매우 보기 흉하므로 상처가 나지 않도록 각별히 유의하여야 하고 포인트인 줄기의 끝부분이 하늘로 자라도록 수형을 잡아야 생동감이 넘치는 직간이 된다.

　줄기는 줄기에서 수직으로 혹은 아래로 향하게 하면 노목의 느낌을 갖게 한다. 반대로 가지를 위로 향하도록 하면 생기를 느낄 수 있어 매우 좋다. 맨 밑가지는 나무전체 높이의 1/3 가량 되는부분에서 자라도록 해야 나무의 전체적인 조화를 이룰 수 있고 중량감을 느끼게 한다.

　직간의 가지는 간격이나 굵기, 그리고 잎에 변화를 주어야 수형을 아름답게 만들 수 있다. 가장 적합한 가지는 나선형으로 자라게 하고 다섯번째, 일곱번째 가지를 다시 위로 올라 오도록 하여 가지와 가지 사이의 공간이 유지되어야 나무가 웅장해 보인다.

　② **곡간(모양목)** : 수목의 줄기가 여러 방향으로 기울어지면서 자라

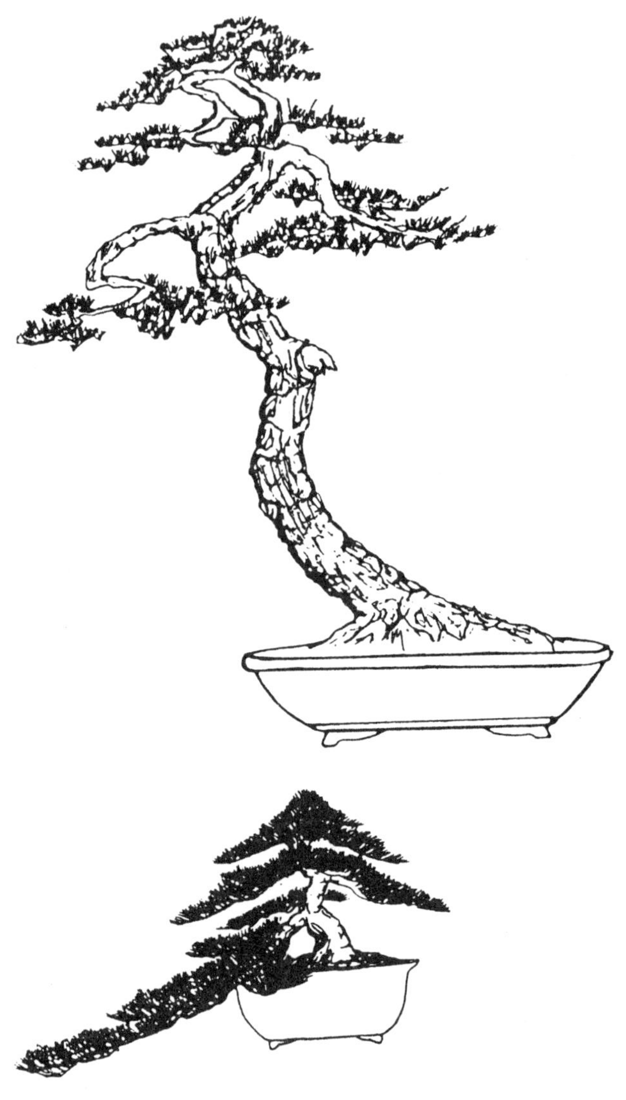

는 수형을 모양목이라 하는데 줄기나 가지의 휘어진 곡이 매력이다.

  모양목은 줄기가 좌우뿐만 아니라 앞뒤로도 휘어져 있어야 멋이 있다. 따라서 분재로 가꿀 때에는 줄기가 나선형으로 자라게 하고 가지는 줄기가 휘어진 바깥쪽에서 뻗어 나게 해야 한다. 특히 정면에서 볼 때 줄기가 활같이 휘어진 그 바깥쪽으로 가지가 뻗어 나게 해야 한다. 이렇게 하면 공간이 생겨 나무를 강하고 크게 보이게 할 뿐 아니라 밑가지가 뚜렷이 나타나 강력한 느낌을 준다. 모양목의 가지는 자연스럽게 아래로 늘어지게 하고 또 휘어지는 방향은 위로 뻗게 하여야 위에서 볼 때 직선으로 자연스럽고 느낌도 좋다.

  그러므로 줄기와 가지 크기의 굵기가 조화로운 곡선미를 연출하여 싫증을 느끼지 않도록 만들어 주어야 한다.

  ③ 사간(기운 나무) : 모양목이 강풍과 같은 어떤 외부의 힘을 받아 휘어진 상태의 수형으로 해안이라든가 산 허리에서 볼 수 있는 모양이다. 사간의 매력은 진기한 변화가 풍부하고 오랜 세월 동안 풍설을 견디어 낸 느낌을 주는데 있다.

  또한 기울어진 가운데서도 안정감이 있어야 하고 쓰러져 가는 줄기

를 지탱하고 있는 뿌리의 힘찬 모습이 두드러져야 한다. 옆으로 기울어져 뻗어 나가는 줄기의 축은 여러가지 형태로 이루어져 다양한 수형을 이루게 되는데 대자연의 위험을 씩씩하게 극복해 나가는 강한 의지가 그대로 나타나야 한다.

④ **현애(벼랑나무)** : 해안 절벽이나 바위 틈 사이로 밑둥치에서부터 가지 끝까지 아래로 축처져 내리며 자라고 있는 소나무를 볼 수 있는데 이러한 형태의 나무를 현애라 한다.

이 수형은 뿌리 뻗음이라든지, 자라는 모습이 강인하다는 점이 아름다움의 포인트가 된다. 그러므로 뿌리나 줄기 등 자라는 모습이 울퉁불퉁한 편이 오히려 강인한 느낌을 주어 더욱 좋다. 소나무로 소품 현애를 만드는 경우는 묘목으로 수형을 잡아 만들어도 좋으나 노쇠한 것은 시간이 많이 걸리므로 야생채취하여 얻는 것이 용이하다.

⑤ **문인목(선비나무)** : 모양목의 변형으로써 문인화에 그려져 있는 것처럼 가느다란 줄기가 약간 기울어지면서 운치를 자아내는 곡선을 그려나가는 것이 문인목이다. 문인목은 나무전체의 3/4은 가지가 없고 끝부분에만 몰려 있는 형태로서 강한 바람에는 넘어질 것 같은 모습에서 경쾌한 느낌을 주는 것이 매력이다.

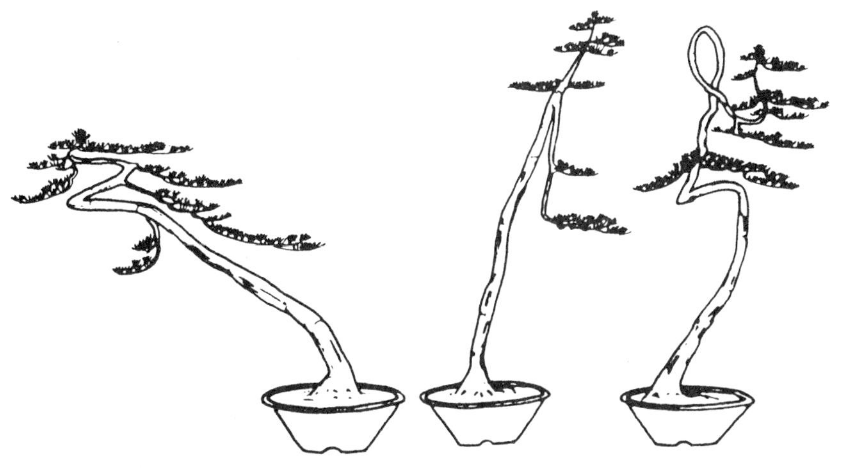

⑥ **쌍간(쌍 줄기나무)** : 한 그루의 나무에 크고 작은 두개의 줄기가 균형을 이루어 나타내는 수형으로서 주간은 줄기의 축이 높고 굵으며 부간은 주간보다 줄기가 낮고 가늘게 있으면서 서로 사이좋게 수형을 유지하여 돕는 듯한 느낌을 나타내야 한다.

한편, 크고 작은 두 그루를 바싹 붙여 심어서 쌍간을 만들기도 하는데 이때는 같은 나무여야 하며 나무의 결이나 색깔도 같아야 운치와 조화를 이루게 된다. 그리고 나무의 밑둥에서 세갈래의 줄기가 갈라져 나오면 3간이라 하는데 역시 크고 작은, 굵고 가는 상태에 변화가 있어야 한다. 이와 같이 5간형, 7간형으로도 가꿀 수 있다.

⑦ **주립(포기나무)** : 포기나무라함은 뿌리 부분에서 여러 개의 줄기가 자라는 경우를 포기 세우기 또는 주립이라 한다. 이 경우 보통 줄기의 수효를 3, 5, 7, 9와 같이 홀수로 기르는데 쌍간의 경우와 같이

줄기의 크기나 굵기가 서로 차이가 있게 하고 특히 중심되는 줄기는 제일 굵고, 큰 것을 하나 만들어 주어야 조화를 이루어 운치있는 분재미가 나타난다.

⑧ **연근(뿌리이음)** : 한 뿌리에서 여러 개의 줄기가 나와 뿌리가 연결되어 있는 수형인데 주립과 같이 한군데 모여 있는 것이 아니라 약간의 간격을 두고 누워 묻혀 있는 뿌리에 의해 여러 개의 줄기가 서로 연결되어 있는 상태로서 가지가 옆으로 눕는 나무에 적용시키기 쉽다. 오엽송, 진백, 가문비나무 등에 이같은 수형이 많다.

⑨ **기식(모아심기)** : 분에 두 그루 이상 즉 5, 7, 9, 11, 13그루의 나무를 모아 심어 심산유곡의 밀림을 연상시킨 수형으로 합식, 또는 군식이라고 부르기도 하며 우리말로 모아심기라 부르고 있다. 합식은 대개 같은 종류의 나무를 심는 것이 좋으나 특별한 경우 여러 종류의 나무를 심어 조화를 이루어도 운치가 있다.

기식은 수많은 수목이 모여 울창한 산림의 풍경을 연출하는 수형이다. 크고 작은 나무의 변화와 원근감으로 깊이 있는 맛을 느끼게 하는 울창한 숲의 풍경미를 즐길 수 있다. 모아 심는 방법은 반드시 주목과 부목을 변화있게 배열하여 둘러 심되 각자의 창의력에 의하여 각 가지의 정경을 자유롭게 구성할 수 있는 재미있는 형태이다. 언제나 가지와 줄기가 서로 교차하고 중복되지 않도록 합리적인 공간을 구성하는 것이 중요하다.

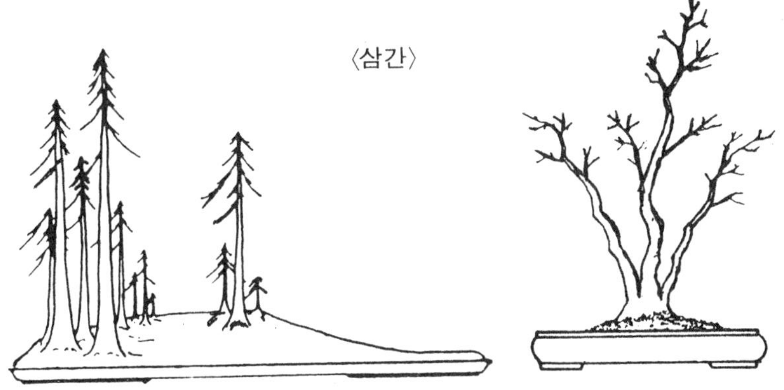

⑩ **근상(뿌리솟음)** : 유수의 작용에 의해 흙이 씻겨 내려서 뿌리가 길게 지상으로 노출된 형태를 근상이라 한다. 뿌리가 지상으로 노출되어 있더라도 생장에는 지장이 없어 왕성한 성장을 하고 있는 모습으로서 식물의 강인한 생명력을 느끼게 하는 수형이다.

특히 큰 뿌리가 높이 치솟아 오른 모양이 가지와 잎의 아름다움 보다 운치있는 모습으로 뿌리의 생명력이 이 수형의 매력이다. 뿌리를 지상부로 노출시키는 데는 나무의 키가 너무 크면 안정감이 결여되어 보이므로 이 수형의 수목은 아래 가지가 발달되고 적합하게 옆으로 퍼진 나무를 택하는 것이 좋다.

⑪ **석부(돌붙임)분재** : 해변의 절벽이나 섬의 절벽위에 뿌리를 붙이고 자라면서 풍파를 극복하며 당당히 성장하고 있는 수목의 경치를 표현한 수형이다.

돌과 나무를 서로 잘 어울리도록 표현해 놓은 것을 석부라 하는데 석

부의 여러가지 형태는 다음과 같이 나타낼 수 있다.

㉮ 절벽의 느낌을 내기 위해 높이를 강조한 것

㉯ 평탄한 지형에 넓은 평원의 느낌을 강조한 것

㉰ 절벽과 야산의 경치를 나타낸 것

높이를 강조한 형에는 직간 보다는 키가 작은 현애가 안정감 있어 더욱 잘 어울린다. 고산과 같은 고지는 바람이 강하여 성장이 제대로 되지 않고, 또 절벽에서 자란 나무는 줄기의 중량을 이기지 못하여 아래로 늘어진 자연적인 형태로 자란다. 석부 분재는 높은 곳이나 절벽에서 자라는 수목을 선택하는 것이 적당하다. 낮고 습기가 많은 곳은 초류가 무성하기 마련이므로 이러한 자연현상에 알맞도록 분위에 초류를 적당히 배치하여 무성하도록 함으로써 더욱 운치가 있다. 또 석부분재의 경우는 높직한 돌에 나무를 심을 때 돌틈이나 움푹 들어간 곳에 석재해야 안정감과 운치가 있다. 평석일 경우는 직간이나 곡간형을 식재하여 높이를 강조하도록 심어야 운치가 있으며 심는 위치도 돌의 높은 곳이나 중심부에 심어야 돌과 나무의 조형이 어울린다.

돌이 괴석일 경우는 키가 작은 나무나 현애형, 곡간형이 더욱 어울

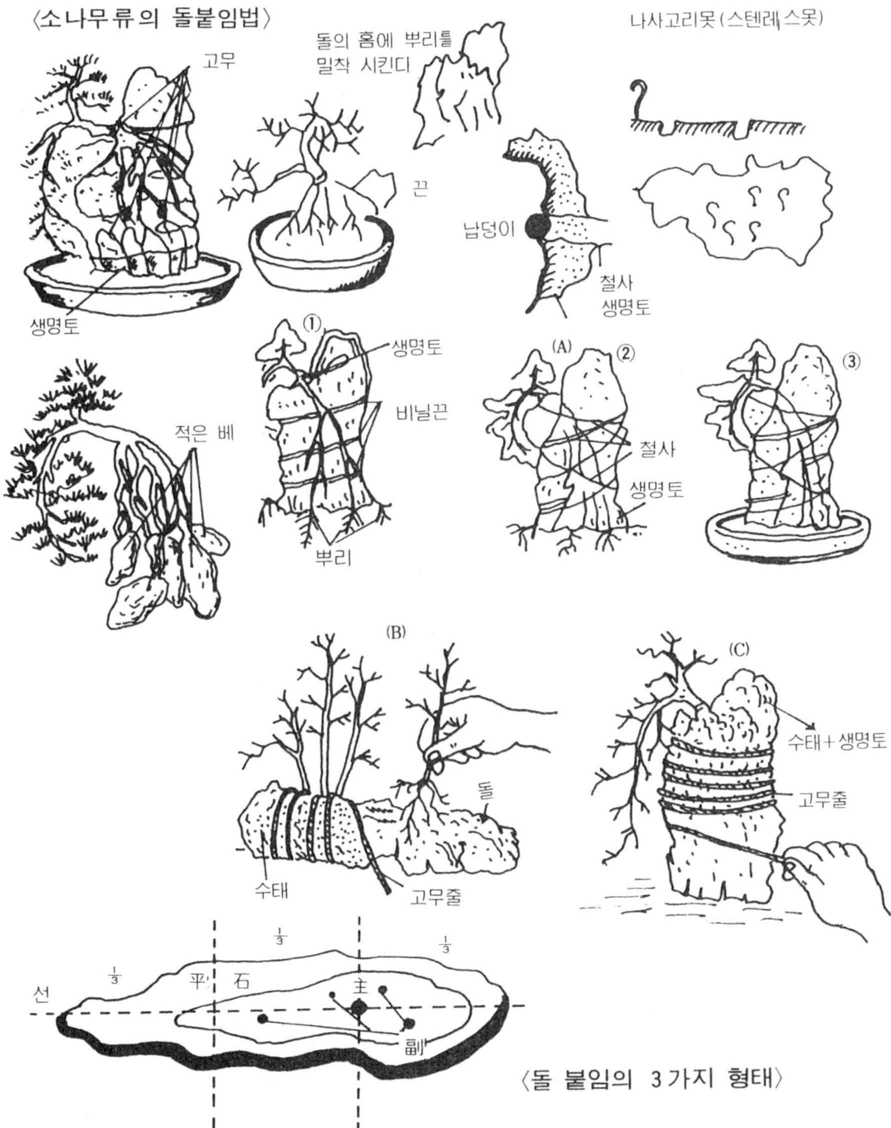
〈소나무류의 돌붙임법〉
나사고리못 (스텐레스못)
고무
돌의 홈에 뿌리를 밀착 시킨다
끈
납덩이
철사
생명토
생명토
생명토
적은 베
비닐끈
철사
생명토
뿌리
①
②
③
(A)
(B)
수태
고무줄
돌
(C)
수태 + 생명토
고무줄
선
平 石
主
副
〈돌 붙임의 3가지 형태〉

린다. 그러나 석부에서 제일 중요한 것은 나무를 적게 심어 돌의 형태를 맛볼 수 있도록 함이 중요하다. 또한 뿌리가 돌을 감싸안고 뿌리 끝 부분이 흙속에 뻗쳐 힘차게 자라는 뿌리의 고태스러운 아름다움을 즐기기 위한 것이므로 뿌리가 강인한 모습으로 돌에 붙어 있는 노목의 자태가 나타나야 한다.

석부소재는 흑송, 두송, 오엽송, 단단풍, 단풍, 영산홍, 석창포, 풍난 등을 쓸 수 있으나 특별히 석부용으로 정해져 있는 것은 아니다.

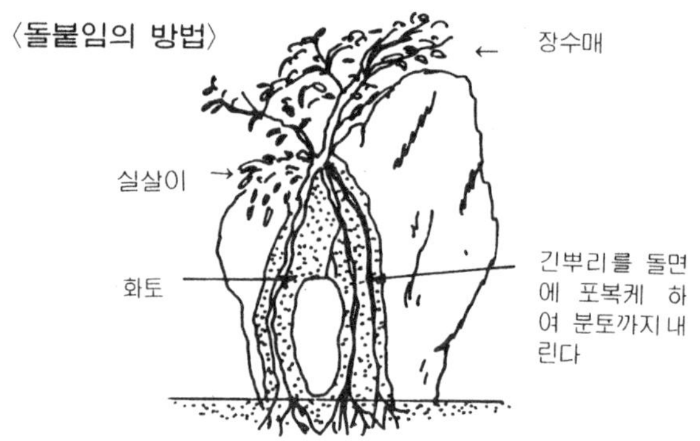

〈단식의 돌붙임〉

장수매는 뿌리가 길게 자라서 돌붙임을 하기 쉽고 또한 작게 가꿀 수 있으므로 꽃식물(열매식물)의 돌붙임분재로서 대표적인 수종이다. 얇은 괴고임돌이나 평원석에 붙이면 풍아한 것이 된다.

(2) 수형잡는 요령

① **철사로 수형을 만드는 법** : 줄기와 가지의 강도에 따라 철사의 강도를 맞추어 가지나 줄기를 고정시킬 수 있는 철사를 사용하여 구성하고 있는 수형을 고정시키면 된다. 현재 많이 사용하고 있는 철사는 Cu선이나 Al선으로 시중에 유통되고 있으나 공장에서 사용하는 철선을 손쉽게 구하여 비닐테이프나 종이를 감아 사용해도 무방하다.

〈철쭉의 정형〉

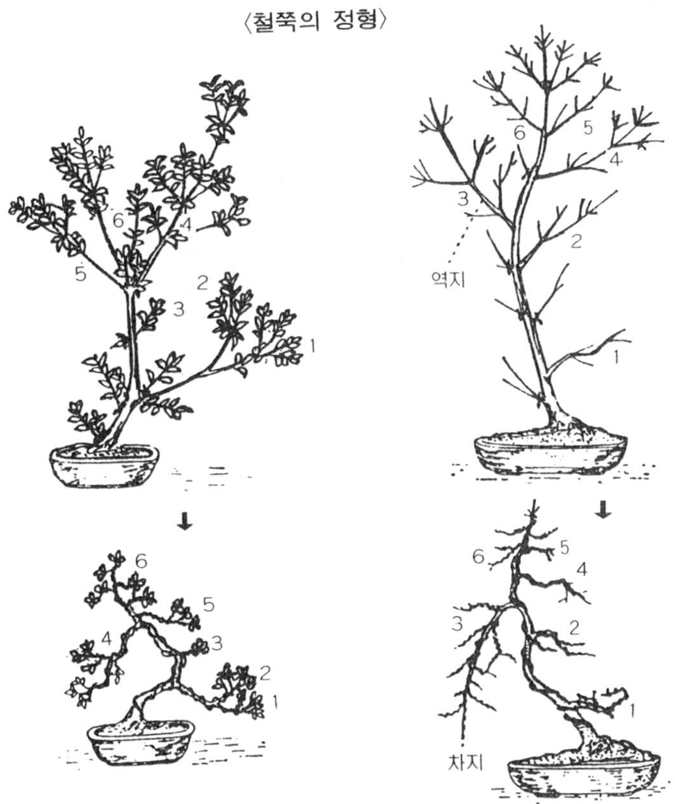

〈철사걸이를 이용한 정형〉

② **적기** : 철사감기의 적기는 대개 송백류는 휴면기인 겨울철, 잡목류는 봄에 하는 것이 편리하다.

③ **줄기철사걸이** : 어린 묘목인 경우는 조직이 부드러워 줄기의 정

〈줄기 구부리는 요령〉

형이 손쉬우나 노목인 경우는 조직이 굳어져 부러지기 쉬우므로 이러한 사실을 주의해야 할 것이다.

줄기를 철사로 감을 때는 분토에 철사를 고정한 다음 철사가 닿는 줄기 부위에 고무판이나 스폰지같은 천을 대어 줄기 부위 조직이 파괴되는 것을 보호해 주어야 한다. 또 줄기나 가지를 휘어 놓을 때는 한번에 구부리지 말고 철사를 감은 방향으로 비틀어 가면서 구부리면 부러지지 않고 잘 휘어진다.

철사를 감을 때는 50 °각도로 감아 올라가면 좋다.

④ **가지철사걸이** : 수목의 밑가지부터 철사를 감아 차례로 윗가지까지 형을 잡아 주는데 가지를 줄기와 50° 되게 감는 것이 상식이나 수형에 따라 30~45°로 감을 수도 있다.

가지는 곧바로 뻗게 하면 너무 단조로와져 멋이나 의미가 없다. 이럴 때 가지가 갈라지거나 마디가 있는 곳에서 변형시켜 주면 자연스럽게 고티가 나고 또한 가지를 아래로 늘어뜨리면서 끝을 약간 위로 향하도록 하면 중량감과 뻗어 가는 강인한 힘을 느낄 수 있다.가지 배치

는 줄기의 모양과 밀접한 관계가 있는데, 특별한 경우를 제외하고는 나
선형으로 배치하면 중복되지 않고 적당하게 조화를 이루므로 무난하다.
·나무의 가지는 윗가지가 세력이 좋고 아랫가지는 약해지므로 전지를 하
여 아랫가지와 윗가지의 세력을 조절하여야 수형의 균형이 잡히게 된
다.

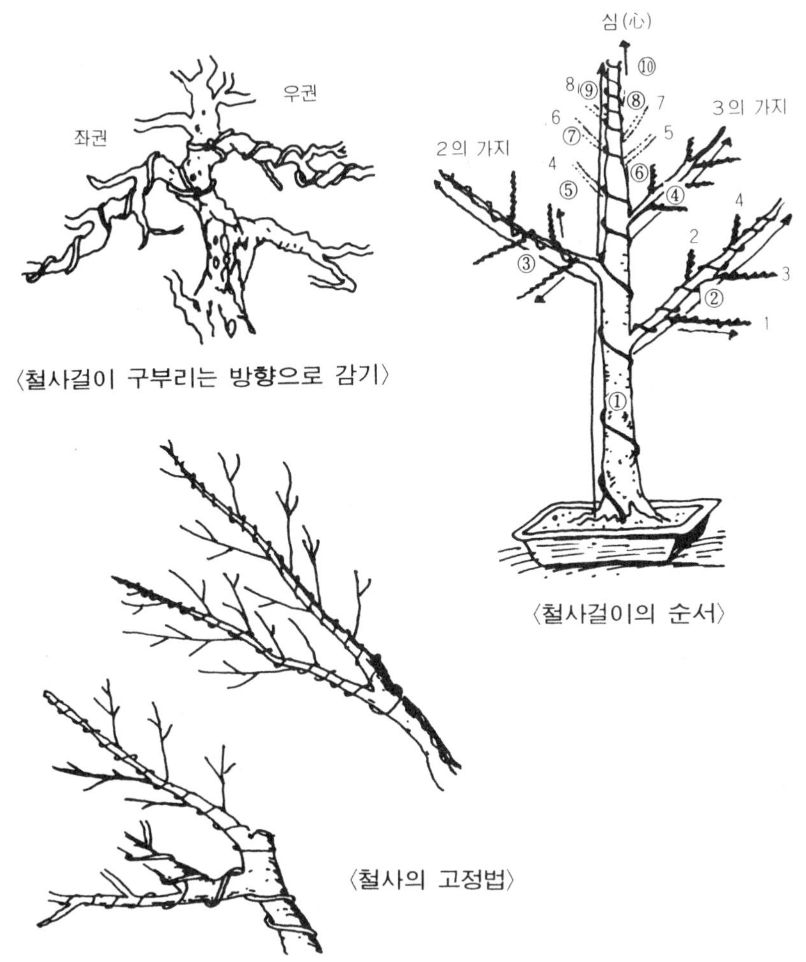

〈철사걸이 구부리는 방향으로 감기〉

〈철사걸이의 순서〉

〈철사의 고정법〉

무리한 교정은 피하는 것이 좋다

자연스럽게 자라는 줄기나 가지를 굵은 철사나 지렛대로 비틀어 휘어 놓은 잔인한 교정은 피하는 것이 좋다. 나무도 생명이 있는 생물이기 때문에 무리한 교정으로 가지가 마른다든가 꺾어진다는 것은 자연의 수형을 무시하는 것으로 가능한 삼가하는 것이 좋다. 비록 철사로 전혀 다른 아름다운 수종을 만들 수 있는 경우가 있다 하더라도 순잡기나 가지를 솎아내는 정도로 수형을 만들어가는 것이 바람직스럽다. 그러나 줄기나 등치의 수형을 교정해야 하는 경우에는 어쩔수 없이 철사 감기를 해야 하나 무리하게 철사를 감아 상처를 입히는 일은 삼가해야 되겠다.

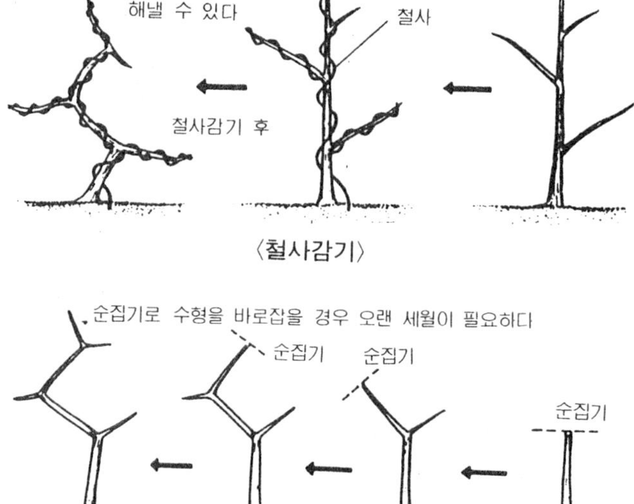

철사를 감을 때 가지나 줄기에 상처가 나거나 부러졌을 때는 밀납을 발라 주면 간단히 상처가 치료된다.

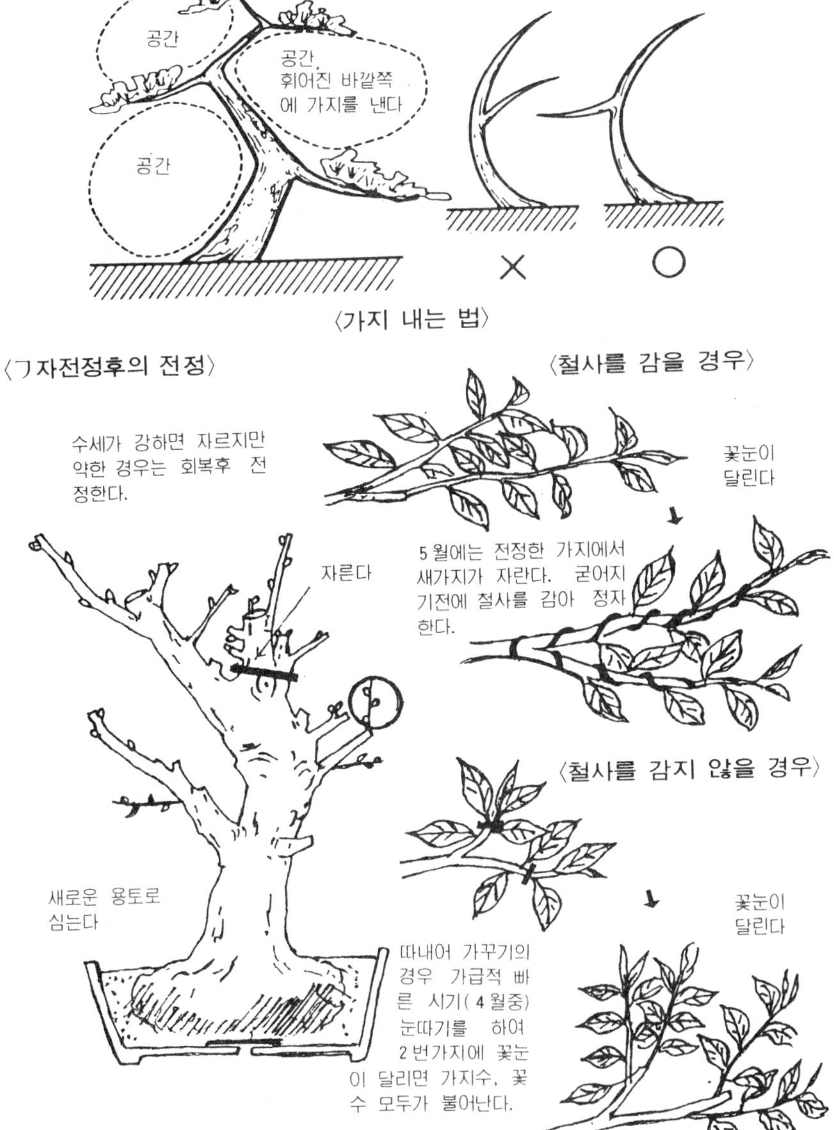
공간
공간,
휘어진 바깥쪽
에 가지를 낸다
공간
×
○
〈가지 내는 법〉
〈ㄱ자전정후의 전정〉
〈철사를 감을 경우〉
수세가 강하면 자르지만
약한 경우는 회복후 전
정한다.
자른다
꽃눈이
달린다
5월에는 전정한 가지에서
새가지가 자란다. 굳어지
기전에 철사를 감아 정자
한다.
〈철사를 감지 않을 경우〉
새로운 용토로
심는다
따내어 가꾸기의
경우 가급적 빠
른 시기(4월중)
눈따기를 하여
2번가지에 꽃눈
이 달리면 가지수, 꽃
수 모두가 불어난다.
꽃눈이
달린다

철사 풀어주기

철사를 감아 오래두면 줄기와 가지에 상처가 생기므로 철사를 풀어 주어야 하는데 철사가 굳어진 경우는 벤찌로 철사를 절단하여 풀어 주면 편리하다.

송백류의 경우는 6개월 이상, 잡목류는 3개월 이상이면 가지와 줄기가 고정되나 가지의 굵기 수종에 따라 조금씩 차이가 있다.

성급한 마음은 금물이다

분재 소재는 다양하기 때문에 수형을 잡으려고 해도 독특한 멋을 살려낼 엄두가 나지 않아 망설여질 때가 많다. 이런 때는 수형을 보류하고 차분한 마음으로 여유를 갖는 것이 좋다. 시간이 지난 후 새롭고, 멋있는 수형이 떠오를 때 가위로 전정함으로써 바람직스러운 수형을 얻을 수 있다.

---

6) 순자르는 순서

순집기는 수종에 따라, 형태에 따라 조금씩 차이는 있지만 대략은 허약한 가지를 먼저 친 다음 10일후 세력이 좋은 가지의 순으로 전정하면 가지의 균형을 맞출 수 있다.

(1) 지렛대 이용법

철사로는 굵은 줄기나 가지가 잡아지지 않을 때는 지렛대를 이용하여 원하는 형으로 잡아 가기도 한다. 그러나 지렛대를 이용하는 방법은 나무에 무리가 가는 정형이므로 신중을 기해야 한다.

(2) 적당한 시기

휴면 상태에 있을 때는 1월~2월 사이에 사용함으로써 상처를 보호할 수 있다. 겨울철에는 나무에 표피가 단단해서 웬만해서는 상처가 생기지 않

〈수양매의 전지〉

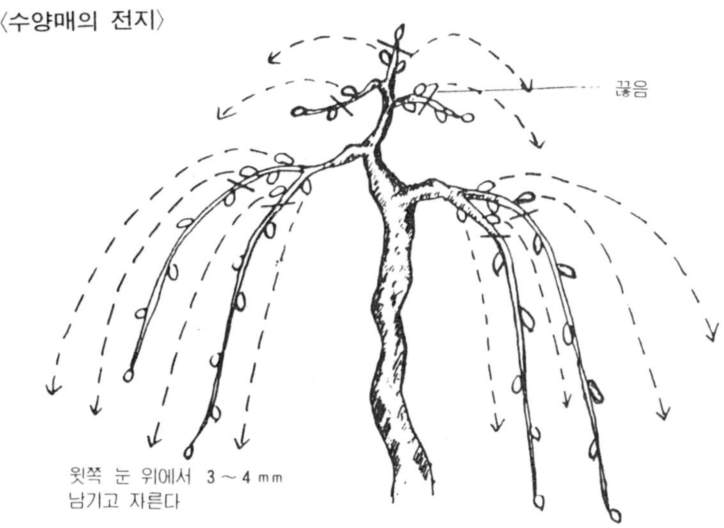

〈매화의 전지〉

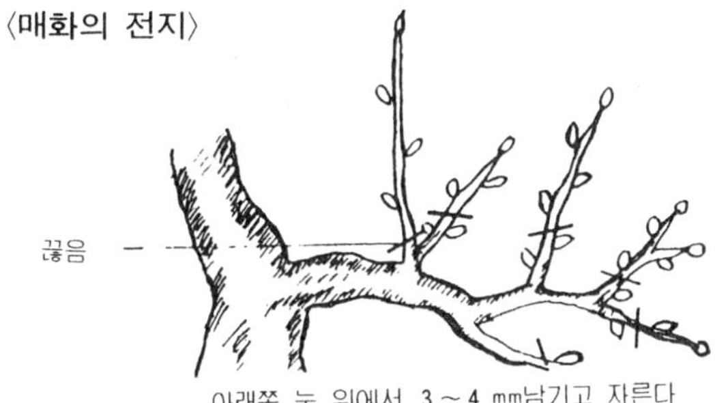

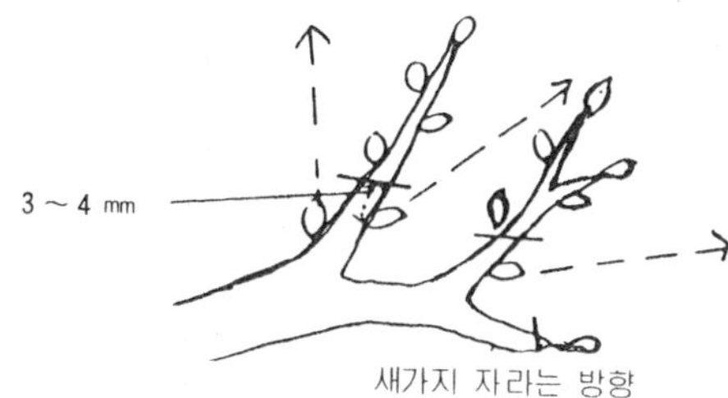

〈조여자르기〉

가지수를 늘리고 수관을
고르기 위해 하는 것으
로서 자라난 새가지 너
무 자란 가지를 극히 자
연스럽게 도중에서 조여
자르는 방법이다.

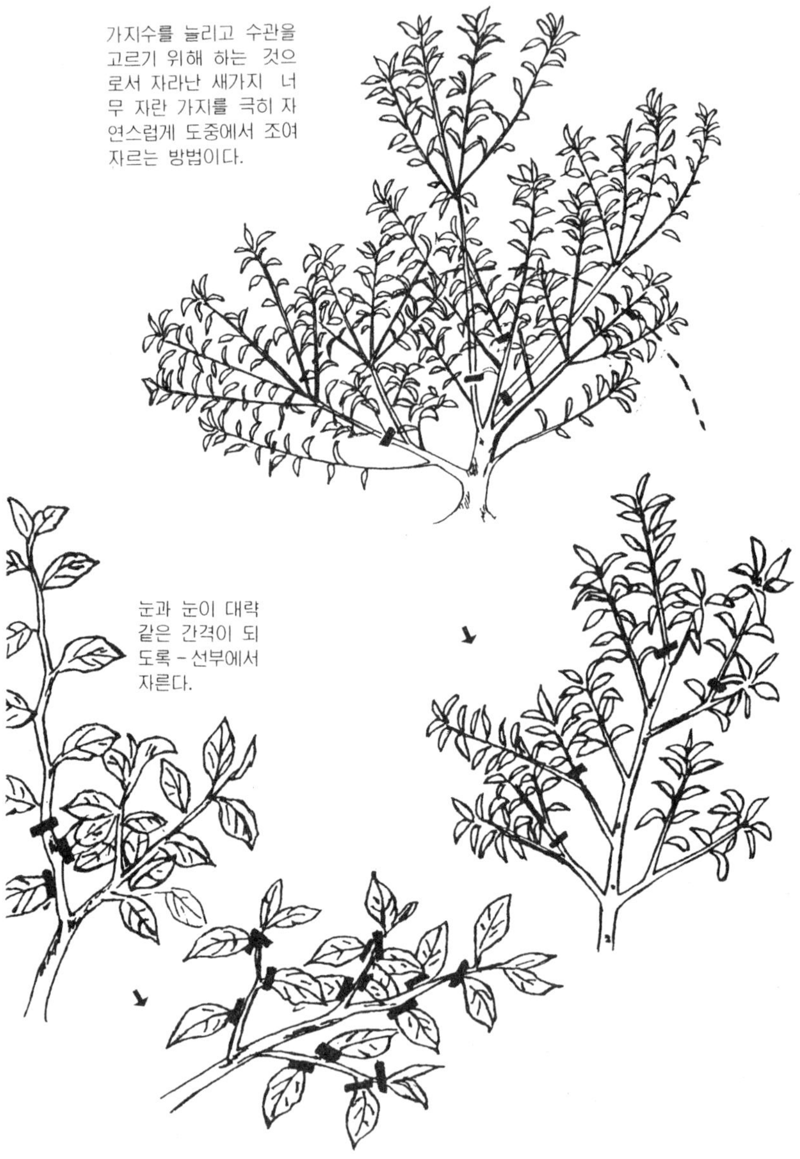

눈과 눈이 대략
같은 간격이 되
도록 - 선부에서
자른다.

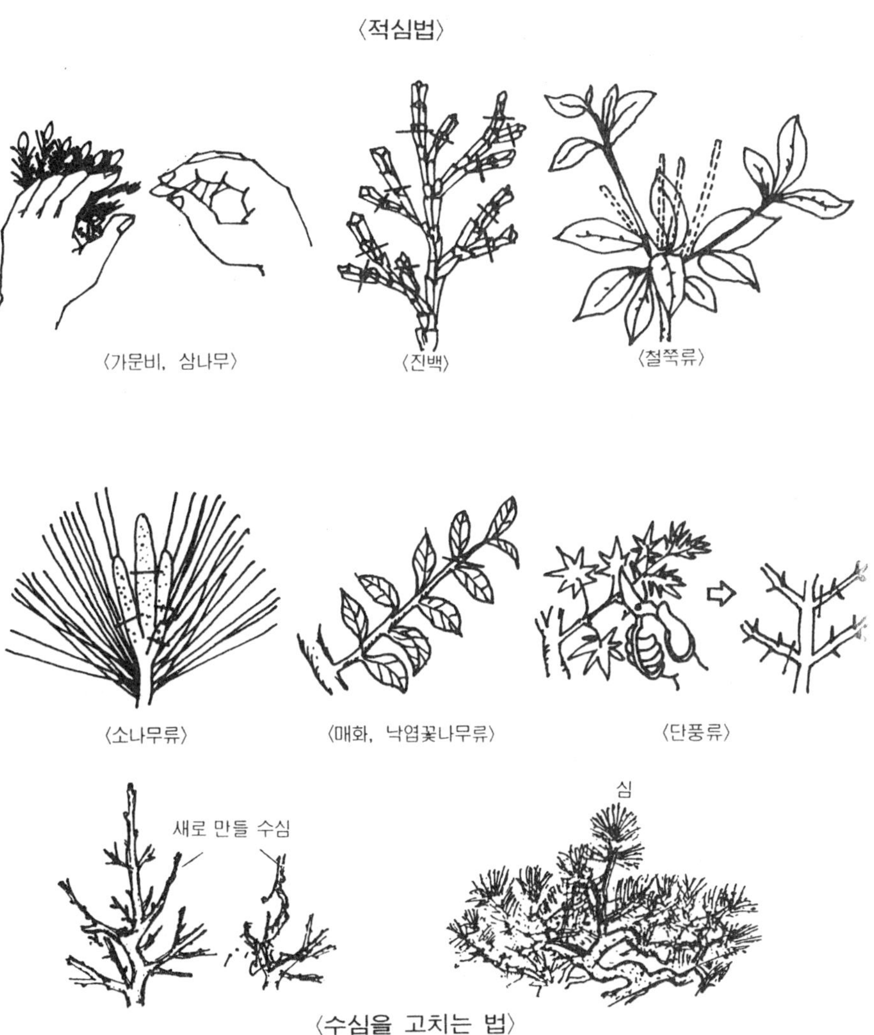

는다. 그러나 지렛대를 사용하면 나무의 질이 굳어져 부러질 염려가 있고 눈에 보이지 않는 열상을 입는 예가 많으므로 이점에 대해 특별히 유의해야 한다.

〈철사걸이 요령〉

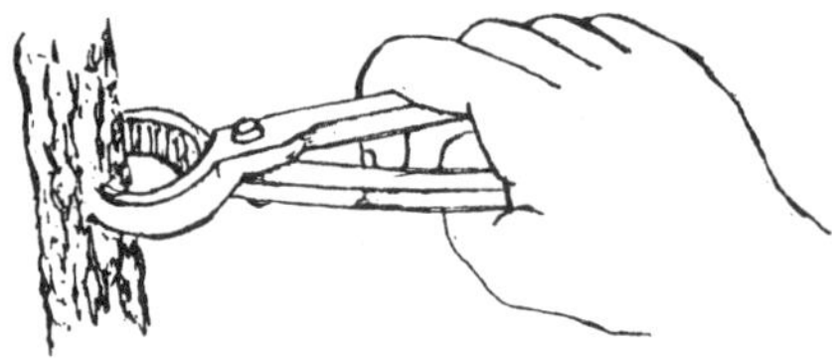

〈철사걸이 전에 가지솎아내기〉

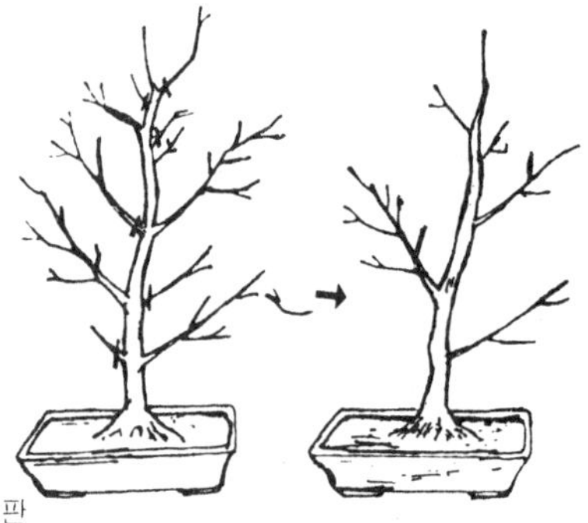

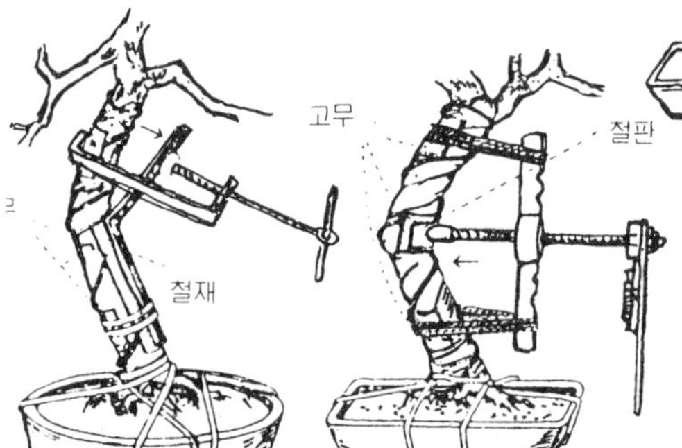

〈굵은 줄기는 가운데를 쪼개서 정형〉

〈작기를 이용한 정형〉

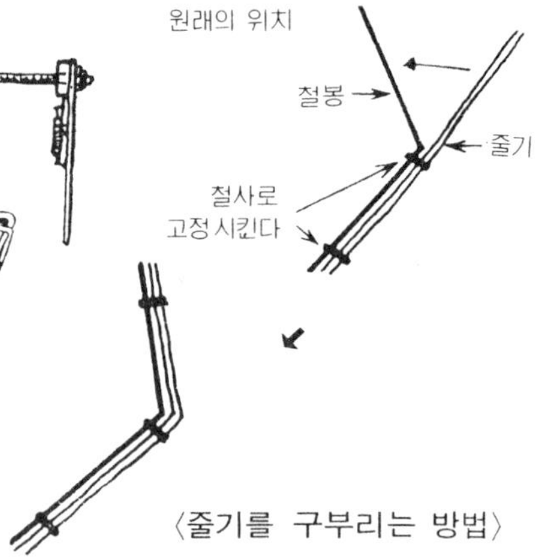

〈줄기를 구부리는 방법〉

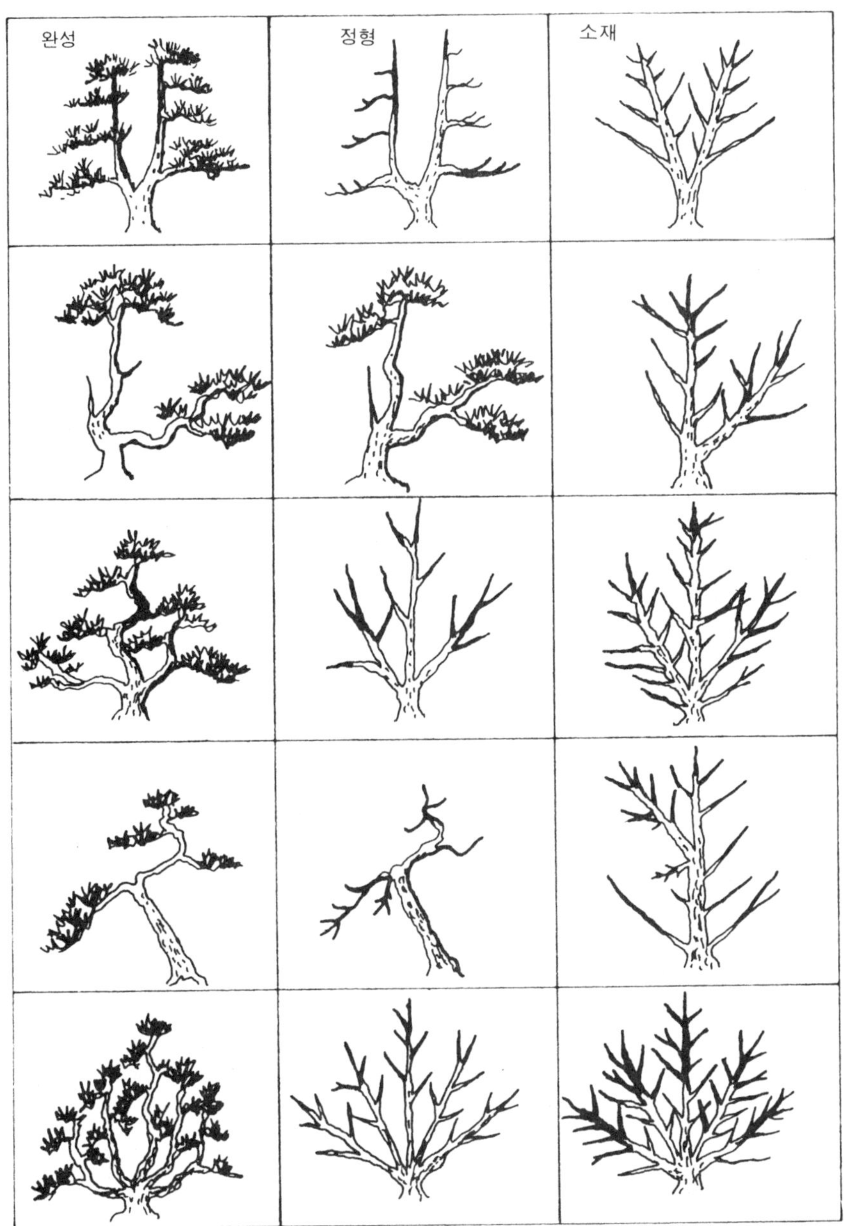

〈수형잡는 여러가지 형태〉

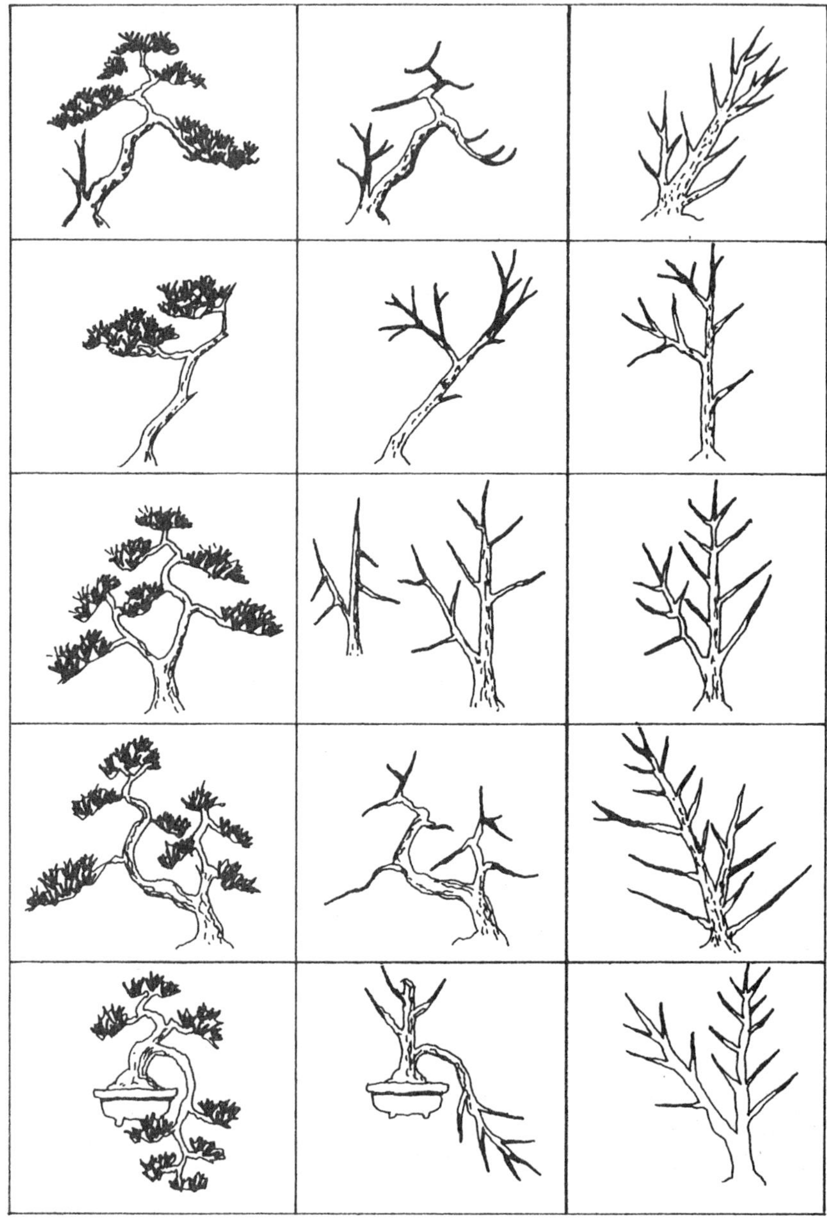

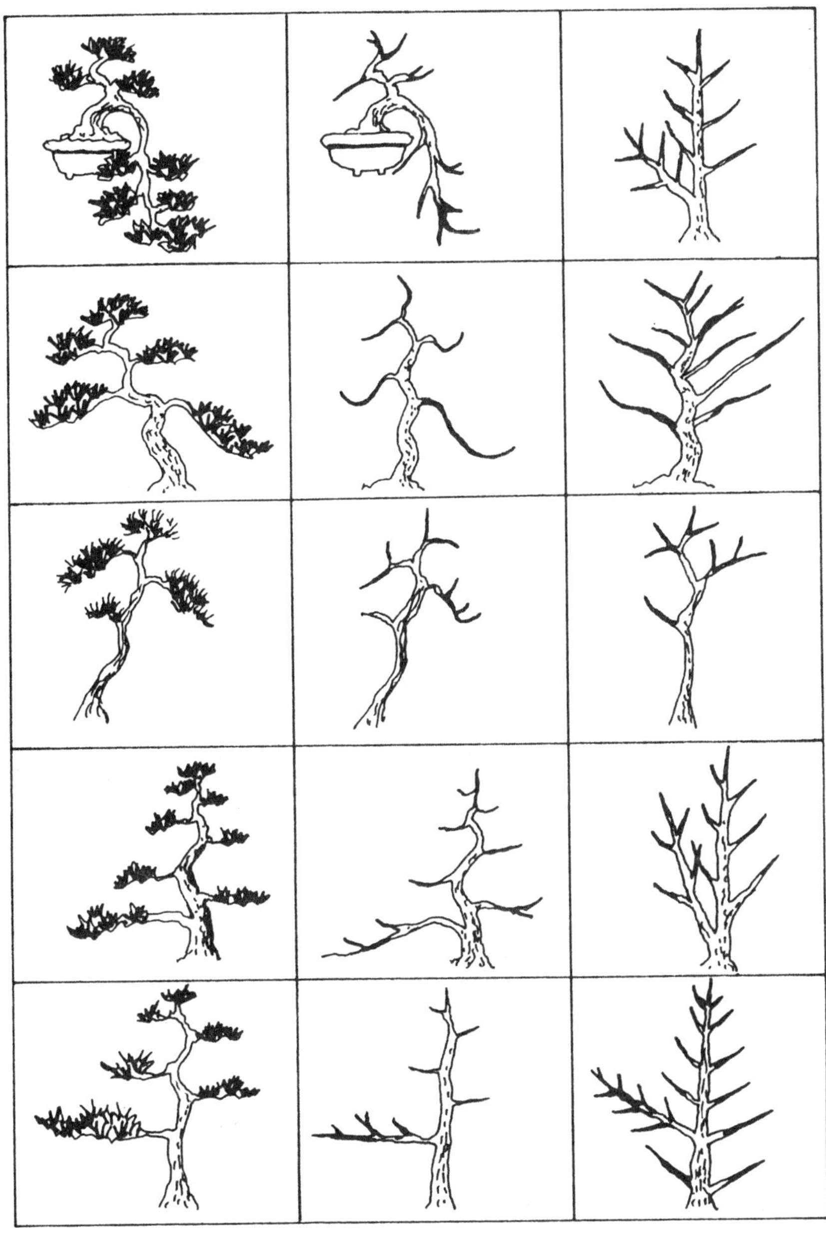

(3) 상처 보호법

지렛대는 쇠로 되어 있기 때문에 그대로 사용하면 상처가 생기기 마련이다. 그러므로 고무바킹을 끼워 사용하든가 헝겊으로 줄기를 감아 껍질을 보호하면서 사용하는 것이 좋다.

특히 지렛대를 사용할 정도라면 노화된 나무이기 때문에 성급하게 원하는 수형으로 바로 잡겠다는 생각은 좋지 않다. 한번에 무리하게 잡아 고정하면 부러지거나 조직이 파괴되어 고사하는 경우가 있으므로 서서히 차분한 마음으로 고정하면서 바람직한 수형으로 정형하는 것이 현명하고 안전한 방법이다.

분재 수술

사람이나 수목 등 모든 생명체는 수술받는 것을 좋아하지 않는다.

자연스럽게 자라는 나무의 줄기나 가지를 굵은 철사로 무리하게 비틀어 휘어잡는 것은 수목이 비록 말을 하지 못할지라도 생명체에 대한 잔인한 일이므로 되도록 철사를 감는 방법은 삼가하도록 한다.

철사 감기로 즉석에서 전혀 다른 아름다운 수형을 만들 수 있는 경우가 있다고 하더라도 순치기 가지 골라내기를 하여 수형을 만들어 가는 것이 이상적이다. 필요에 따라 줄기와 가지를 고쳐야 할 경우에는 어쩔수 없이 철사를 감아야 하지만 시기를 적절히 선택하여 상처가 나지 않도록 주의해야 한다.

7) 분재 관리

물주기 3년이라는 말이 있듯이 식물에 물을 조절해 준다는 것은 매우 어려운 일이다.

화분의 물은 흙과 식물에 따라 그 양의 차이가 있으므로 무조건 하루에 몇번을 주면 된다는 생각은 잘못된 것이다.

〈물주는 방법〉

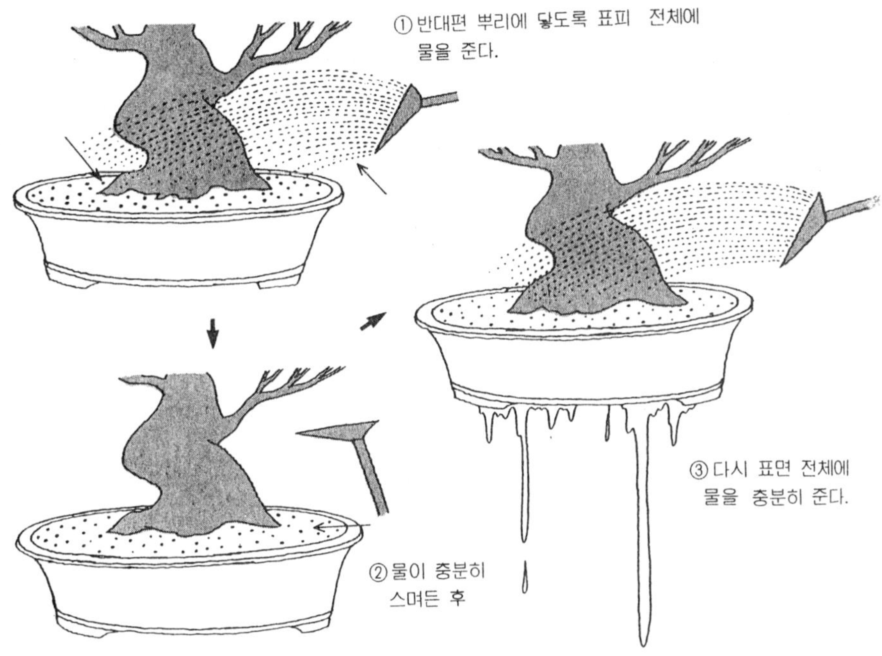

　동·식물 모두 마찬가지로 필요한 만큼을 흡수해야지 나무에 수분이
너무 많으면 나무가 연약해 보이다가 결국은 뿌리가 질식하여 부패되
므로 나무가 고사하고 만다.

　이와는 달리 수분이 부족하면 곧 시들어 버리므로 나무를 기른다는
것은 결코 쉬운 일이 아니다.

　나무는 스스로 주어진 환경조건, 상태에서 최선을 다해 적응하여 살
아간다.

　그러므로 가장 중요한 것은 의식적이든 무의식적이든 나무마다 지닌
습성을 파괴시켜서는 안된다는 사실이다.

　따라서 식물의 성질을 이해하고 거기에 알맞은 환경을 주는 것도 중
요하지만 그보다 중요한 것은 갑자기 환경을 바꾸게 되면 식물의 적응
력을 떨어뜨리는 결과가 됨을 알아야 한다.

(1) 물주는 시기

흙이 건조해지고 식물이 시들려고 할 때 물을 주는 것이 이상적이라 할 수 있다. 분의 크기, 흙의 건조 상태에 따라 다르나 매일 저녁에 주는 것이 적당한 물주기이다. 아침에 엽수를 하였을 때에는 물방울 때문에 렌즈현상이 일어나 잎의 끝부분이 마르게 되기 때문이다.

(2) 물을 줄 때의 주의사항

화분을 분재대에 놓았을 때는 그 위치에 따라 화분의 건조 상태가 다르기 때문에 물을 주는 양도 건조의 정도에 따라 조절해 주어야 한다.

(3) 화분의 건조 원인

① 나무 자체가 화분의 수분을 흡수해서 건조해지는 경우.
② 햇빛에 의해 수분이 증발하여 건조해지는 경우
③ 건조한 바람이 수분을 빼앗아 가기 때문에 건조해지는 등 원인을 세 가지로 구분할 수 있다.
이러한 건조를 방지하기 위해서 분을 상자에 넣어 두면 바람의 영향이나 건조방지에 적당한 효과가 있다.
물론 햇빛을 충분히 받아 분과 흙이 자주 건조해지고 이에 따라 적당한 수분을 공급시켜 주는 것이 식물의 발육에 이상적이므로 가급적 분을 상자에 넣어 두는 일은 피해야 한다. 그러나 2~3일 정도는 가능하다.

(4) 동해방지

분재용 나무는 대부분 우리 주위 산야에서 자생하고 있는 수종이므로 추위에 약한 것은 거의 없다.
간혹 남부지방에서 자란 수종을 구입하였을 때는 동해를 방지하여야 한다. 동해를 입지 않는 나무가 의외로 겨울철에 죽는 예가 가끔 있다.

 이것은 대자연에서 자유스럽게 자라던 뿌리가 갑자기 한정된 분속에서 자라게 되어 뿌리가 동해를 입게 되는 것이다. 이것은 겨울철에는 건조해져 있는 데다 물뿌림마저 소홀한 데서 오는 수분 부족 때문이다. 따라서 겨울철에는 추위를 막아 주고 적당한 습기를 유지시켜야 한다.

(5) 겨울철 분 관리

① 분을 상자에 넣어 두는 방법.
② 비닐하우스를 설치하여 건조와 서리발을 막아 주는 법.
③ 땅에 묻어 월동시키는 방법이 있다.

─ 과잉 보호 ─

 온대성·아열대성 지역의 나무는 보온이 절대적이다. 그외의 나무는 난방, 보온 덮개로 과잉 보호하면 격한 온도 변화를 일으켜서 나무가 동사를 하게 되므로 나무의 수면을 깨지 않는 범위내에서 보온이 필요하게 된다.

 수면을 깨는 보온은 오히려 나무에 이롭지 않음을 명심해야 한다.

 잎이 있는 나무는 신선한 공기의 공급이 필요하며 햇빛을 많이 받도록 하여 계속 동화작용을 도와야 함과 동시에 먼지가 잎을 더럽혀 기공을 막아 식물의 호흡을 방해하지 않도록 엽수로서 먼지를 제거하는 것이 바람직한 일이다.

─ 겨울 분재는 분 밑부터 건조해 진다 ─

 보호실이나 실내에서 관리하는 분재는 분 밑으로부터의 수분 공급이 적고 겨울철은 실내에서 충분한 물을 공급하지 않는 시기이므로 세심한 관찰을 기울이지 않으면 건조 상태에서 겨울을 지나게 되어 자칫 하면 분재가 고사되므로 세심한 주의를 기울여야 한다.

8) 병충해 방지

병충해 방제

병해 방제는 병원균의 종류에 따라 적합한 살균제를 사용해야 한다. 그러나 병원균의 판별은 매우 까다로우므로 미리 예방하는 것이 좋고 충해 역시 발생되기 전에 예방하여 나무의 피해를 막아 주는 것이 좋다.

〈표 - 8〉〈충해 방제〉

해 충 명	가 해 수 종	가 해 상 태	방 제 약 명
굼벵이류	소나무류 해당화, 사과류	뿌리를 식해하여 고사(枯死)시킴.	지오락스분제 3% 폭심분제 5%
거세미나방	소나무류	지면(地面) 가까운 부분(部分)을 땅속으로 끌어 들여 식해(食害)	지오락스 3%분제
땅강아지	소나무류 외전 수종	지표밑 부분을 항도(坑道)를 만들어 어린 뿌리를 들뜨게 하여 고사(枯死)	지오락스 30% 분제 다이아론 2% 분제
응애류	소나무류 유실수 전 수종 매화나무	액을 빨아 먹어 반점이 생기고 오래두면 고사한다.	아크리짓 40% 유제 아카루 25% 트리치온 45%
솔나방	소나무류	솔잎을 먹어 피해를 받아 고사	마라톤 50% 유제 1,000배액
진딧물류	사과류, 매화 송백류 활엽수 전수종	잎의 뒷면에 붙이가해(加害)하므로 잎이 마른다.	메타유제 1,000 배액 피리도수화제 마라톤 유제톨
깍지벌레	주목, 소나무류 잡목류 매화, 밀감	줄기와 가지에 붙어 수액을 빨아먹어 수세가 약해지고 고사함.	메치온 40% 유제 1000배액을 6일 간격으로 2～3회 살포

병충해	발생수목	증상	방제법
짚시나방	소나무 삼나무	잎을 식해	나크 50% 수화제 800배 액
향나무독나방	향나무류 삼나무	잎을 식해	마라톤 50% 유제 디프 50% 유제 1000배 액
솔잎혹파리	소나무 곰솔	잎에 혹을 만들어 솔 잎의 수액을 빨아먹 어 잎이 고사	호리마트 50% 액제 포스팜 50% 유제
모잘록병 〔立枯病〕	소나무, 곰솔, 삼 나무, 느티나무, 느릅나무 등 대부 분의 나무에 발생	① 땅속에서 종자가 　부패고사 ② 뿌리부분이 갈색 　으로 변하여 부패 　고사 ③ 선단부가 부패 ④ 뿌리가 흑색으로 　변화 부패고사	종자소독 … 티시엠 　유제 토양소독 … 다찌 가 　렌 양제살포 … 다찌 가 　렌
흰색곰팡이병	소나무, 삼나무	잎과 줄기가 갈색으 로 변화	배수 통기를 양호 하게 개선하고 비배 관리철저하게 한 후 프로파 수화제 : 발 병전 8-8식　브로 도액 살포
삼나무붉은잎 마름병 〔赤枯病〕	소나무, 삼나무	잎, 줄기가 갈색, 암 갈색으로 변색	만크시 수화제 다이젠 M-45 보르도액 4-4식
잎녹병	소나무류	잎을 침해 황색-황 백색 주머니가 나란 히 형성.	만코치 수화제 다이젠 M-45
빗자루병	대추나무, 벗나무, 살구나무	잎과 줄기 침해, 잎 은 소형으로 담황록 색, 잎이 오그라 든 다.	테트라싸이 크린계 항생제를 1000cc 물 에 500mg 정도 희석 하여 수간 주사한 다. ● 예방 : 테트라 싸

병명	발생수종	병징	방제법
			이크린계 항생제를 분갈이 흙에 투입하여 심으면 100% 예방됨.
뿌리혹병	명자나무, 장미, 삼나무, 벗나무, 해당화, 장수매, 주목, 감나무, 등나무, 애기사과 등	뿌리목 부분 피해. 뿌리 목 부분에 혹을 형성	발생초기 접도로 제거와 동시에 석회유황 합제 도포 접도를 알코올로 소독 발병 즉시 굴취 소각
환가루병	소나무, 유실수, 매화나무, 으름덩굴, 장미	환가루 모양의 형성	석회유황합제 만디캡 수화제 만코치 수화제 아크러짓 유제
탄저병	옻나무, 감나무, 대추나무, 개나리, 사과류	잎맥 자루어린 줄기에 담갈색 기형화하고 건조하여 탈락함 소형 반점 형성.	해충구제 철저, 비배관리 유의. 4-4식 보르도액 또는 만코치 수화제 500배 액을 2~3회 살포.
부란병	사과류, 산사, 석류	줄기, 가지의 분기점에 갈색으로 환부 형성.	동기에 8-8식 보르도액을 수목 전체에 살포.
적의병	대나무	줄기를 침해, 줄기표면에 적갈색 반점이 생긴다.	포리옥신 캡타풀 수화제 보르도액 3~4회 살포
검은 점무늬병	살구, 벗나무, 사과류, 해당화, 산사	잎에 부정형의 검은 병반점 형성, 잎과 열매를 침해	폴리옥신 캡타풀 수화제, 보르도액 3~4회
잎마름병	사과나무, 은행나무, 해당화, 매화, 장미	잎을 침해, 초기에는 갈색, 후기에는 회갈색으로 변화	4-4식 보르도액
뿌리 썩음병	소나무, 삼나무, 매화, 해당화, 석류등 잡목류 전 품종	뿌리 줄기 침해, 월동 후 눈은 나오나 차차 황변 변근의 환	뿌리가 굽거나 뭉쳐지면 발생. 미 발효된 퇴비를 사용했을

		부에는 갈색 ~흑색의 균사가 생긴다.	때 발생. 토양 소독과 동시에 굴취하여 부패된 부분은 절단하고 알콜로 소독하여 식재함이 구제의 길이다.
잎 떨림병	소나무류	3~4월 경 발생. 잎을 침해, 담갈색 병반 형성.	베노밀 수화제 1500 배액 만코지 수화제 다이젠 M—4572

9) 분재용 비료

수목의 성장에 절대적으로 필요한 양분은 여러가지가 있으나 필요한 양분을 적절히 공급해줌으로써분재가 튼튼하게 활기를 갖고 자라게 할 수 있는 비료를 몇 가지 소개하고자 한다.

(1) 깻묵

분재를 하는 사람이 가장 많이 사용하는 비료로서 식물이 자라는데 효과가 클 뿐만 아니라 구하기가 손쉬워 누구나 사용하기가 편리하다.

① 깻묵을 고형으로 하는 방법

물에 깻묵을 반죽하여 호도 크기의 환을 만들어 말려 두었다가 필요할 때 분의 4귀에 놓아 두면 발효되면서 거름이 되어 1주일 정도면 효과가 나타난다.

② 물비료를 만드는 방법

깻묵을 물에 담그어 1개월(여름) 정도 담가 두었다가 깻묵물을 8배의 물로 희석하여 사용하는 것인데 3일 후면 효력이 나타나 잎의 색깔이 좋아진다. 그러나 뿌리의 활동이 중지된 시기 장마철이나 겨울은 피해야 한다.

장마철에는 빗방울에 깻묵 잎자가 튀여 잎이나 가지에 묻지 않도록 해서 잎이나 가지를 보호해야 한다. 이끼를 깔아줄 때는 물비료가 좋

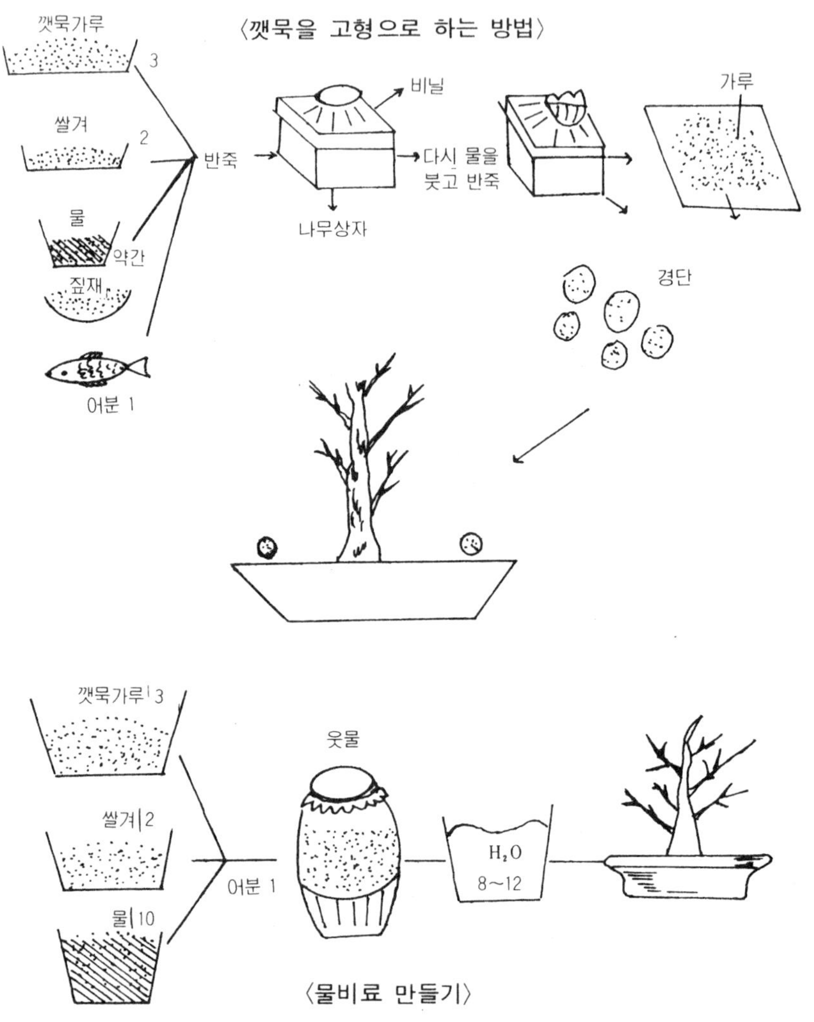

으나 회석배수를 10~12배로 하여 2~3일 간격으로 3~4회 주어 효력
이 나타나면 비료를 주는 것을 중지하는 것이 좋다.

(2) 계분(닭똥)

닭똥은 깻묵과 함께 흔히 사용되는 것으로서 식물의 생장에 필요한 양분을 거의 다 함유하고 있으며, 특히 인산 성분이 다량 함유되어 있어 유실수에 적합하다.
근래에는 깻묵과 혼용하는 경우가 많은데 이상적인 방법이라 하겠다.

(3) 골분(骨粉)

일반 낙엽수나 송백류에는 사용하지 않아도 좋으나 유실수일 경우에는 꼭 사용해야 한다. 골분은 보통 깻묵과 1 : 2의 비율로 사용하되 분쇄하여 미립자를 사용한다는 번거로움이 있으므로 2~3mm 정도로 부셔서 사용하는 것이 이상적이다.

〈비료 주는법〉

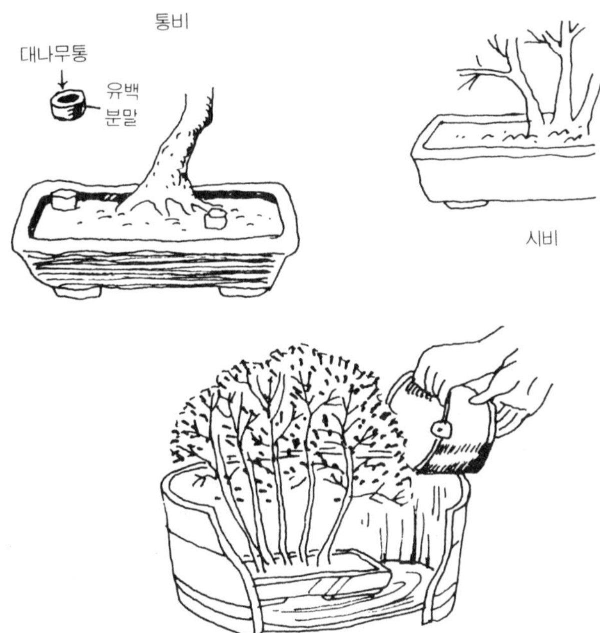

(4) 어분

골분이나 계분, 깻묵과 같이 발효시켜 사용하는 것이 좋다.

(5) 기타 비료

하이포랙스 : 알비료 등 여러가지 상표로 시판되고 있으나 성분은 깻묵, 계분, 골분, 어분 속에 들어 있는 것과 동일하므로 굳이 상표가 붙어 있는 비료 보다는 분재인 스스로 만들어 사용하는 것이 바람직스러운 일이다.

(6) 화학비료

① **질소비료(요소)** : 줄기와 잎을 자라게 하는 성분으로 분재에 사용하고자 할 때에는 소량씩 횟수를 늘여 사용해야지 욕심을 부려 대량 사용하면 수목을 고사시키게 된다.
② **인산질비료(중과석)** : 꽃과 열매를 맺게 하여 줄기와 잎을 튼튼하게 하는데 꼭 필요한 성분이다.
③ **칼리질비료(염화칼리)** : 줄기 비료라 부르며 동화작용에 의한 탄수화물의 축적에 필요한 성분으로 식물의 조직을 튼튼히 하고 내한성과 병충해에 대한 저항성을 높여 준다.
④ **복합비료** : 비료의 3요소를 함유한 비료이다.

황염병 치유방법

$FeSO_4$ 3 : MnO_2 1 : $C_6H_{12}O_6$ 3을 혼합하여 1,000배액으로 희석하여 살포함으로써 간단히 치유된다. 특히 철쭉류에 특효가 있다.

---

10) 분재 급소

명목 분재란 분재미를 구성한 몇 가지 요소를 갖추어야 한다. 명목 분재를 만들려면 분재미를 고루 갖추어 다년간 정성을 다해 기르다 보면 명목이 탄생되는 것이다. 그러므로 분재의 실물과 사진 등을 많이 감상하여 장단점을 발견하고 시정할 것은 시정하면서 예술적인 심미안을 기르면 분재 창작 기술의 향상에 도움이 된다.

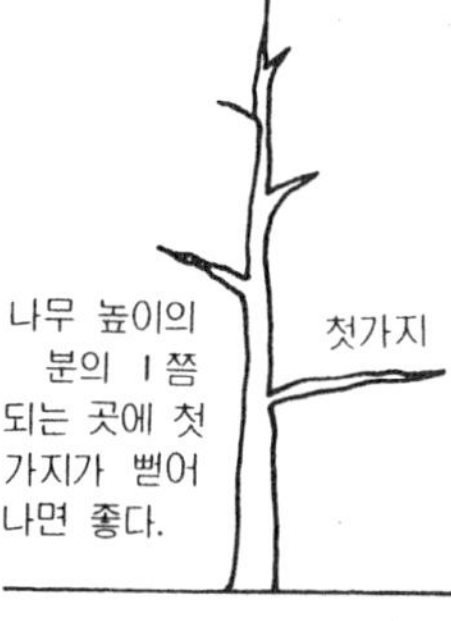

〈직간의 첫가지〉

① **안정감** : 자연 상태의 느낌을 줄 수 있도록 분의 모양, 크기, 뿌리, 줄기의 형태와 가지의 형태가 자연미를 연상하는 느낌을 줄 수 있어야 한다.

② **노태** : 오랜 세월을 거치는 동안 갖은 풍파를 이겨낸 흔적으로 위엄과 박력이 외부로 나타나야 한다.

③ **활기** : 분 속에서 자란 분재라 할지라도 자연 상태에서 활기있고 싱싱하게 자란 분재처럼 기운이 약동하여야 한다.

④ **감동** : 호감이 가는 멋이 있어야 한다. 기품이 있고 고상하며 노련미를 갖춤으로써 오랜 시간 동안 감상하더라도 싫증이 나지 않아야 한다.

⑤ **조화** : 흙, 분, 나무의 조화를 이루어 자연미가 충분히 나타나야 한다.

⑥ **공간미** : 줄기 모양을 감상할 수 있도록 가지를 배치하고 높낮이, 심는 위치 등이 조화를 이루어 자연미가 풍기도록 한다.

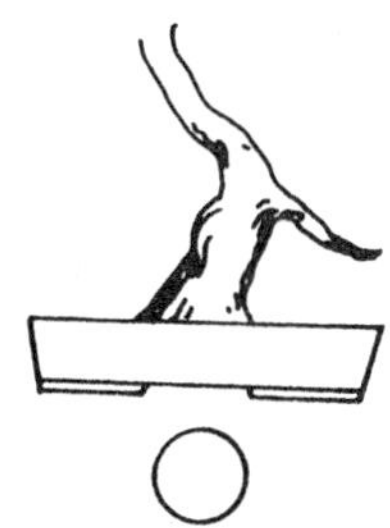

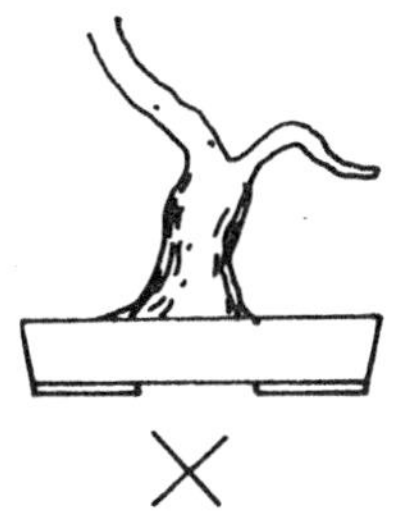

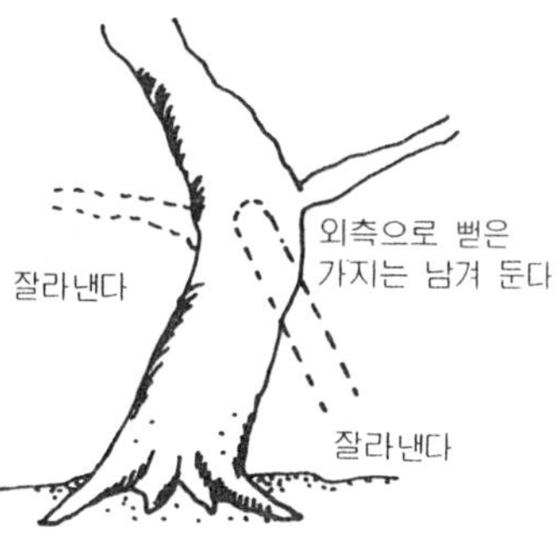

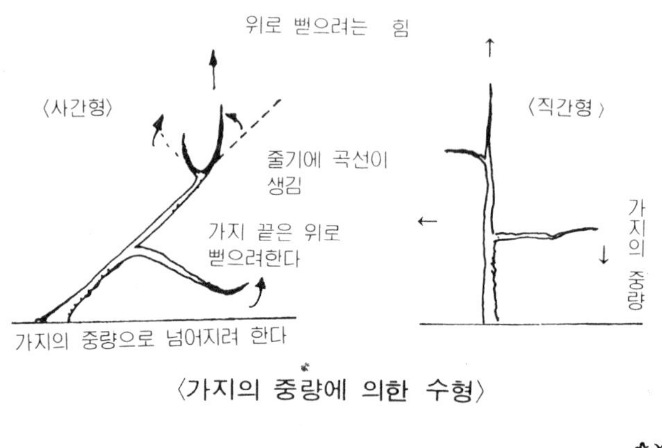

〈가지의 중량에 의한 수형〉

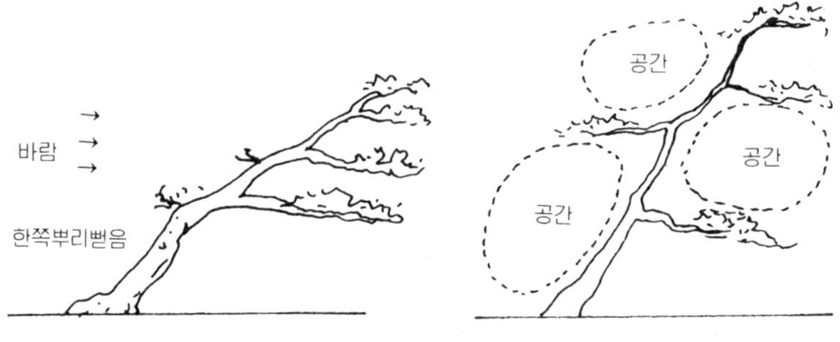

〈강한 해풍으로 기울어진 소나무〉　　〈공간미가 있는 사간〉

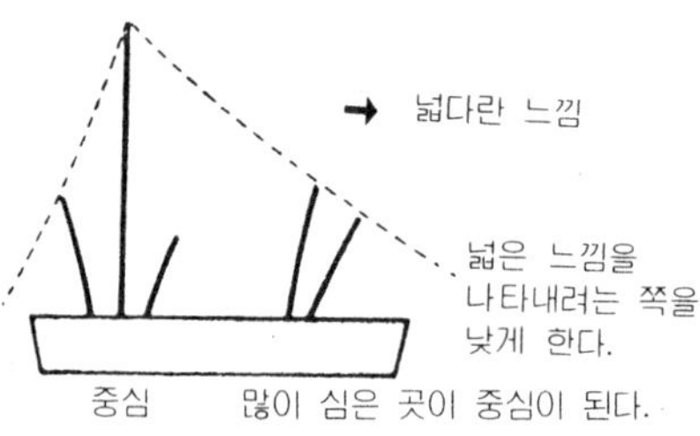

〈합식과 공간미〉

11) 분재의 정면과 후면

　① **정면** : 줄기와 뿌리 뻗음이 좋은 곳을 선택하여 봉오리가 앞을 향하게 하고 줄기가 앞으로 기울도록 하여 항상 겸손한 느낌을 주도록 한다.

　② **후면** : 긴 가지를 많이 배치하여 나무의 깊이가 더하도록 해주고 정면으로 돌출한 가지는 불쾌감을 주므로 적당히 전지를 한다.

12) 분재의 조화

　분재는 줄기, 가지, 뿌리 뻗음의 조화가 얼마나 잘 이루어졌는가에 따라 평가를 받을 수 있다. 명목 분재는 이러한 여러가지 부분의 형태를 잘 조화시켜야 하므로 각 부분별로 나누어 설명하고자 한다.

　① **뿌리** : 뿌리는 사방으로 노출시켜 자연적으로 힘차게 솟아 오른 것

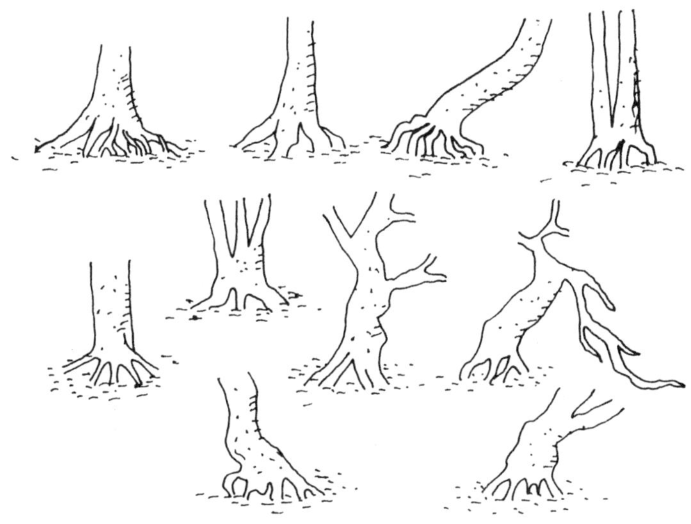

〈뿌리뻗음과 줄기모양〉

처럼 안정감과 웅장함을 나타내고 박력이 있어야 한다. 편근일 때는 뿌리가 적은 쪽으로 기울도록 하여 시간마다 반현애로 심어 뿌리가 돋보이도록 한다.

뿌리 뻗음이 나쁘면 돌로 조절하라

줄기나 가지 상태가 좋다 할지라도 뿌리 뻗음이 좋지 않으면 안정감이 없어 보여 불안한 느낌을 주게 되는데 이러한 경우에는 뿌리 부분에 돌을 놓아 안정감을 찾아 줌으로써 보다 안정된 느낌을 주는 분재가 되기도 한다.

---

② **줄기** : 뿌리목 부분에서부터 점차 가늘어져야 고색이 나타나며 자연미가 넘치게 된다.

첫가지는 자르지 말아야 한다

첫가지는 수형에 있어서도 매우 중요할 뿐 아니라 한 번 자르면 재생이 어렵기 때문에 부득이한 경우를 제외하고는 자르지 않는 것이 상식이라 할 수 있다. 안정감을 주는 것도 역시 첫가지이기 때문에 잘라 버리면 후회를 하게 된다.

따라서 판단이 어려울 때는 두고두고 천천히 생각하는 여유있는 마음가짐이 필요하다.

〈가지의 배치〉

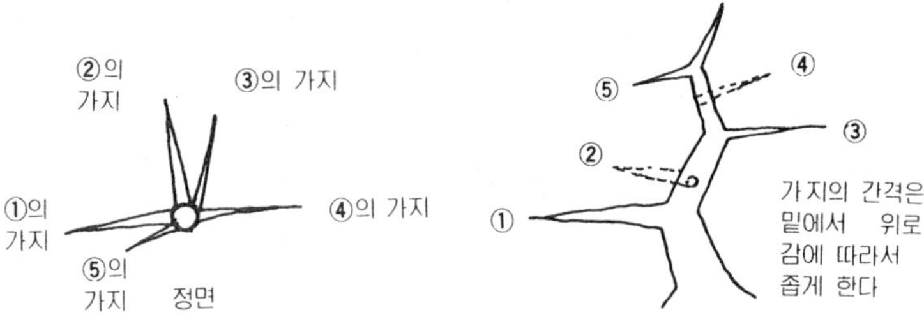

③ **밑모양** : 나무에서 5분의 1정도의 아래 부분은 안정감, 노색, 박력의 기품을 감상할 수 있도록 가꾸어야 하며 풍파를 이겨낸 연륜을 나

타낼 수 있도록 한다.

④표피 : 나무의 아름다운 면을 마음껏 표현해야 한다. 표피가 거친 나무는 균열이 가는 것이 좋으나 매끈한 표피를 가진 나무는 각선미를 나타낼 수 있도록 부드럽게 손질하여 나무의 특성을 최대한 발휘할 수 있도록 한다.

⑤가지 : 전체의 수형을 형성하여 분재의 흥취를 돋구는 매우 중요한 비중을 차지한다. 노목일 경우는 가지가 밑으로 늘어지는 수형이 많고 어린 나무는 위로 뻗어 활기를 나타낸다.

가지는 서로 엇갈리게 배치하여 밑가지는 윗가지보다 길게 배치하고 줄기보다 가지가 가늘도록 하여 가지나 줄기에 곡을 넣어 단조로움을 없애줌으로써 전체의 균형미를 연출할 수 있다.

⑥ 꼭지 : 꼭지는 분재의 가치를 좌우하므로 심이 없으면 심을 만들어야 한다. 야생에서 채취한 고목에서 볼 수 있는 백골화된 꼭지는 모진 바람을 견디어 온 노수의 비장감을 나타내므로 잘라버리지 말고 자연스럽게 다듬어 감상할 수 있도록 한다.

⑦ 잎 : 잎은 여자의 옷과 비교할 수 있다. 잎은 생기가 넘치고 색채도 선명하며 아름다워야 한다. 따라서 분재는 자연속에 존재하는 나무를 축소시킨 것이므로 모양과 줄기는 축소되어도 잎을 축소시킨다는 것은 어려운 일이다. 그러므로 잎의 마디가 적고 잎의 색이 아름다운 것을 선택하는 것이 좋다.

⑧ 꽃 : 꽃도 아름다울수록 그 관상가치가 높다. 화목류에서는 나무에 비하여 꽃이 크지 않고 작은 것이 좋으며 청결하고 향기가 짙은 것이 좋다.

개량종보다는 자연미를 나타낼 수 있는 야생종이 좋다.

⑨ 열매 : 나무와 열매의 크기가 조화를 이룰 수 있는 것이 좋으며 너무 크거나 일찍 떨어지는 것은 좋지 않다. 대부분 열매는 가을과 초 겨울에 감상할 수 있으므로 계절 감각이 잘 나타나는 밝고 진한 색상으로 나무에 오랫 동안 달려 있는 것이 좋다.

꽃과 열매를 충실하게 하려면

　수목이 분속에서 꽃과 열매를 맺도록 하는 것은 나무에 상당한 부담을 주게 되므로 꽃과 열매를 원하는 분재는 가을이나 이른 봄에 충분한 시비로 영양을 공급해 주어 원기를 회복시켜 주어야 한다. 이렇게 해서 튼튼한 수목으로 자라야 충실한 꽃과 열매를 감상할 수 있다.

〈표 - 10〉 꽃눈 분화기와 위치

수　　　　종	분　화　시　기	꽃 눈 위 치
매　　　　화	8 월 상순	측아
벚　　　나　무	7 월 상순~8 월 하순	측아, 정아
동　　　백　나	6 월 하순~7 월 상순	정아
철　　쭉　류	6 월 하순~8 월 중순	정아
명　자　나　무	8 월 하순	측아
감　　나　무	7 ~ 8 월 상순	정아
등　　나　무	6 월	측아
애　기　사　과	7 ~ 8 월	정아
석　류　나　무	6 ~ 7 월	정아
모　과　나　무	6 ~ 7 월	정아
돌　배　나　무	7 ~ 8 월	정아
홍　　자　단	6 ~ 7 월	정아, 측아
돌　감　나　무	6 ~ 7 월	정아

분재 기술

　단시일에 분재 기술을 익힌다는 것은 어려운 일이다. 더구나 이론적으로 배운다는 것은 더욱 어려운 일이므로 실제로 분재를 가꾸면서 심기, 전지, 전정, 철사걸이, 거름주기, 물주기, 병충해 방제, 월동 관리 등을 하면서 수시로 책을 보고 연구하는 길만이 분재기술을 배울 수 있는 지름길이다.

13) 분경 만드는 요령

분경이란 자연적인 식물, 돌, 분, 이끼 등을 이용해서 분위에 재현시켜 놓은 것이므로 뿌리, 줄기, 가지, 잎, 꽃, 열매 등 각 부분의 멋이 적절하게 조화를 이루는 종합미의 세계이다.

또한 심산유곡, 들판과 산, 바닷가에서 자생하고 있는 운치있는 노목, 거목의 자태를 자그마한 분안에 이상적으로 축소시켜 재현시키는 축경미이다.

이러한 면에 입각해서 분경작품의 완성을 이루고자 할 때는 우선 평소에 대자연의 경관을 면밀히 관찰하여서 심미안을 길러두는 것이 좋다. 이것을 바탕삼아 수목의 멋있는 요소를 잘 파악하여 분경으로 옮겨 심는 것이야말로 분경의 기교를 향상시키는 가장 중요한 핵심이 되는 것이다.

분경은 자연미를 추구하기 때문에 가장 자연스러운 모습이어야 한다. 또한 분경은 한적한 풍취와 함께 수천년의 연륜을 지닌 생명력을 느낄 수 있어야 한다. 이러한 것들을 기본으로 삼아 분경을 만들어 가노라면 훌륭한 분경이 탄생되리라 믿는다.

(1) 적당한 수종

소사나무, 삼나무, 블루버드, 라인골드, 블루스타, 팔방삼나무, 흑송, 단풍나무, 느티나무, 피라칸사 , 홍자단, 철쭉, 꽝꽝나무, 진백 등 침엽수나 활엽수, 직간성 나무로서 잎이 작은 나무를 선택하는 것이 좋다.

(2) 적당한 용토

분경을 만드는데 있어서 가장 중요한 역할을 하는 것은 흙이다. 적은 량의 분토로 나무를 받쳐주고 생명의 근원이 되는 양분을 공급하여

〈분경의 입체적인 전경〉

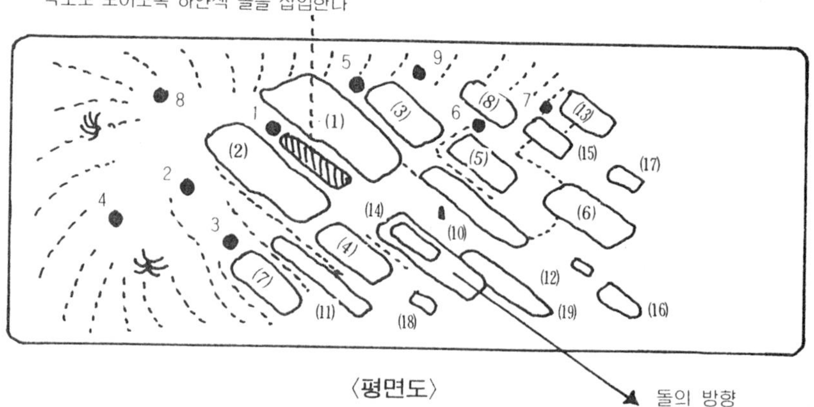

〈평면도〉

줌으로써 분재가 최대로 대자연의 신비스러움을 표현할 수 있도록 한다.

단립화된 흙을 사용하여야 배수가 좋고, 보수력이 우수하며, 공기의 유통 및 흙속에서의 산소 공급이 좋아져서 미생물의 활동을 왕성하게 한다. 좋은 용토는 비료의 분해도를 빨라지게 하여 뿌리의 활동이 왕성하게 됨으로써 소량의 흙에서도 수목이 훌륭히 생장할 수 있도록 한다.

(3) 흙의 배합

분경은 화분을 사용하는 경우, 일반분재와 같이 사용해도 무방하겠으나 평판의 돌을 사용할 경우는 일반화분과 같이 사용해서는 곤란하다.

따라서 돌을 사용할 경우엔 돌에 황토를 3mm 정도 발라 완전히 밀착시킨 다음 구리철사나 합성실로 적당히 고정시킨후 1~2mm 정도의 흙을 황토에 깔고 2mm 정도의 모래와 논흙에 황토를 1 : 1로 배합하여 썩은 흙으로 고정하여 심는다. 심은후 흙의 유출을 방지하기 위해서 이끼로 덮어 씌운 다음 물을 줌으로써 흙의 유출을 방지할 수 있다.

(4) 심는 요령

심는 방법은 수종에 관계없으나 불규칙하게 수종을 선택하여 심는 것보다는 단일종으로 심는 것이 좋다. 부득이한 경우 수종을 섞어 심을 때는 나무의 성질을 참작하여 심도록 하되 반드시 원근감을 살려서 심도록 한다 또 불규칙한 조화를 이루기 위해 형태가 흡사한 크고 작은 나무를 곁들여 경관을 만들어 내는 것이 좋다.

따라서 보다 효과적으로 심기 위해서는 우선 굵고 키가 큰 것을 주목으로 하고, 두번째로 큰 것을 부목, 세번째의 것을 침목으로 한 다음, 좁은 공간에서 넓은 느낌을 연출하기 위하여 좌우 한쪽으로 치우친 곳에 나무숲이나 산림에 해당하는 정경을 만들고 그 반대쪽에 공간

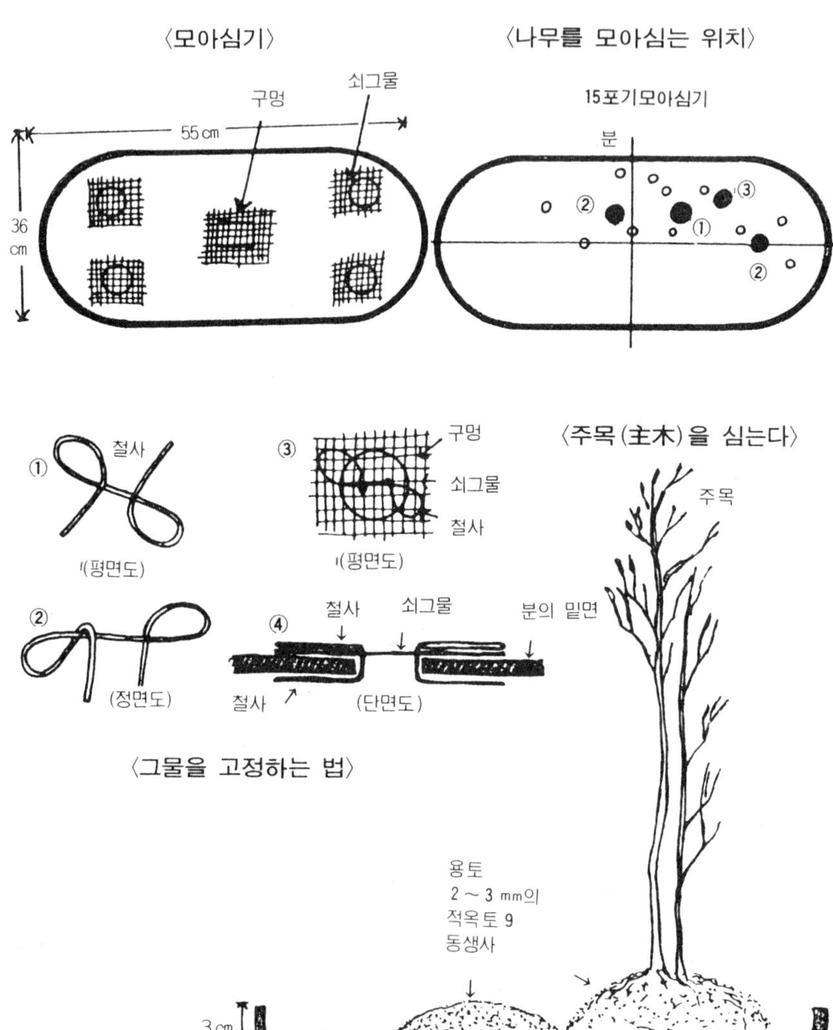

을 두어 여유와 평원을 느끼게 하는 것이 중요하다. 그러기 위해서는
위치를 한쪽으로 7대 3이거나 6대 4정도 되게 자리잡고 정면에서 보아

줄기와 줄기가 겹치거나 맞붙거나 간격이 늘어서거나 교차되는 일이 없
도록 하고 높낮이의 변화를 주어 수관을 직선으로 연결해 이등변 삼각
형이 되도록 심는다.

〈표-11〉 수종별 용토

수 종	용토 혼합 비율	참 고 사 항
소나무(적송) (흑송) (두송)	황토 5, 흑토 2, 모래 5	화분의 깊이에 따라 조절할 수 있다. 그러나 소나무류는 산성토양에서 잘 자라므로 황토를 다량 사용해야 함을 명심해야 한다.
삼나무, 팔방삼나무	황토 4, 흑토 4, 모래 3,부엽토 2	수분을 좋아하므로 흙속에 수태를 섞어 사용하면 이상적이다.
단풍나무, 서나무, 느티나무	흑토 5, 황토 4, 왕사 3, 부엽토 2	생장이 왕성한 수종이므로 물을 적게 주고 시비도 줄여서 관리함으로써 수세를 조절할 수 있다.
매화, 심산해당, 감나무, 석류나무	황토 5, 흑토 3, 모래 3, 골분 2, 붕산 0.1	꽃과 열매를 관상해야 하므로 시비조절이 꼭 필요하며 감나무에는 붕산을 0.1% 정도 혼합하여 사용함으로써 낙과를 방지할 수 있다.
동백	황토 6, 흑토 2, 모래 3	상록수로서 월동에 유념해야 한다. 잎의 상태를 보아 가며 시비와 물을 조절한다.
블루버드,블루스타,라인골드,팔방삼나무,애기삼나무	황토 3, 흑토 4, 모래 3	수세가 왕성해질 염려가 있으므로 물주기로 수세를 조절해야 함.
피라칸사	황토 3, 흑토 4, 모래 2,부엽토 2	물주기로 수세를 조절한다. 시비는 생장속도에 따라 조절하여 행한다.

(5) 주의할 점

넓은 느낌을 주기 위하여 중심부는 피하여 한쪽으로 치우쳐 심는다.
부목과 첨목의 위치는 기식의 구상에 의해 달라지며 다른 나무는 주목,

부목, 첨목의 배치에 의해 좌우된다.

① 편지(片枝)인 것은 반대쪽에 다른 편지(片枝)의 것을 심는다.

② 정면에서 보아 교차된 가지는 제거한다.

③ 크고 작은 나무를 좁혀 심을 때는 작은 나무의 머리가 큰 나무가지에 닿지 않도록 심는다.

④ 아랫가지가 없는 것은 중간 부분에 심는다.

⑤ 불규칙한 가지는 원형을 잘 이용하고 가지가 교차되지 않도록 한다.

(6) 식재 순서

① 용토와 용구준비
② 분이나 돌 준비
③ 나무준비
④ 바닥에 흙을 깐다.
⑤ 위치를 선정하여 주목을 심는다.
⑥ 주목주위에 키가 큰 것부터 순서대로 직삼각형으로 심는다.
⑦ 식재후 고정한 다음 뿌리와 뿌리 사이에 흙을 채운다.
⑧ 이끼를 입힌다.
⑨ 급수를 한다.

(7) 분갈이 방법

분갈이 방법

분속에서 자란 뿌리가 완전히 분속을 채우면 물과 공기유통이 나빠지고 생육이 불량해져 아랫가지가 마르고 뿌리가 질식하여 나무 전체가 고사하므로 분갈이를 하여 생육을 왕성하게 할 수 있도록 한다.

① 수형을 허물지 않는 경우.

② 수형을 허물어 다시 심는 경우인데 분갈이 방법은 일반분재와 거의 같다.

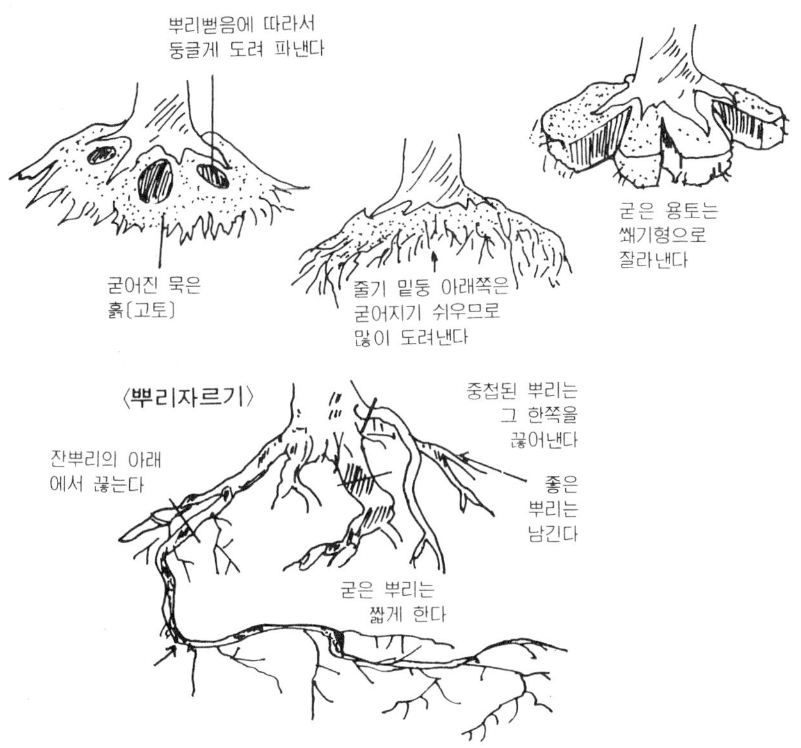

수종에 따라 차이는 있지만 대략 송백류는 3~5년, 잡목류는 2~3년에 분갈이를 해주는 것이 바람직하다.

굵은 뿌리와 옆으로 뻗은 뿌리는 정리하고 분토를 3분의 1정도 털어내고 새로운 분토로 교체해 준다.

(8) 분갈이 후의 관리

분갈이 한 나무는 외부의 자극에 지극히 예민하여 흔들리거나 추위에 의해 피해를 받을 염려가 있으므로 비닐하우스나 온실에 넣어 관리하다가 활착이 된 후에 분재대에 놓고 일반관리를 하면서 시비한다.

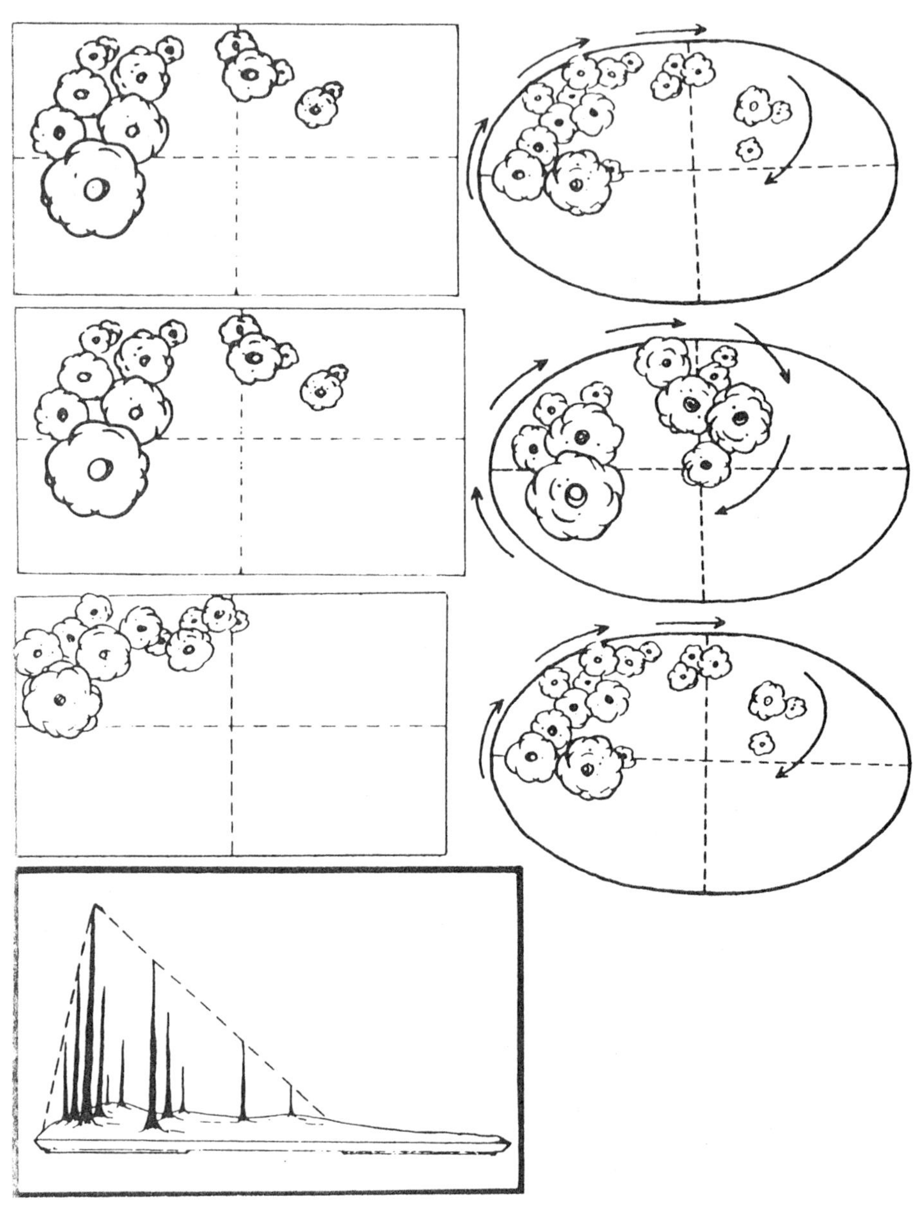

〈수목의 배열 위치〉

(9) 분경의 여러가지 수형과 심는 위치 .

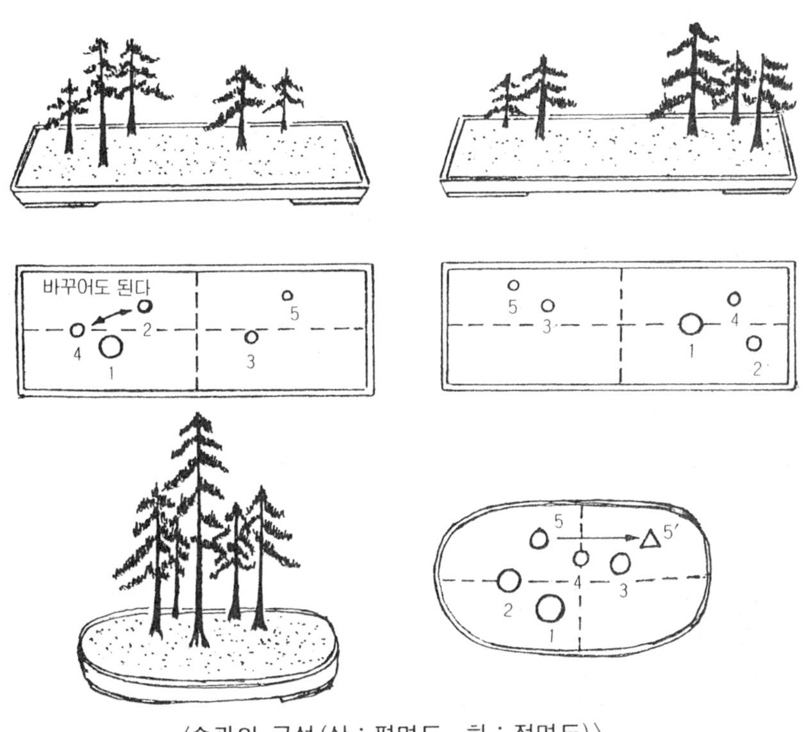

〈수관의 구성(상 : 평면도, 하 : 정면도)〉

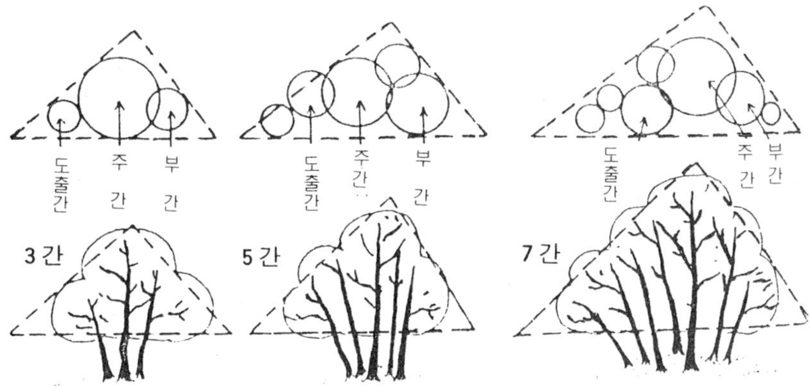

〈모아심기의 예〉

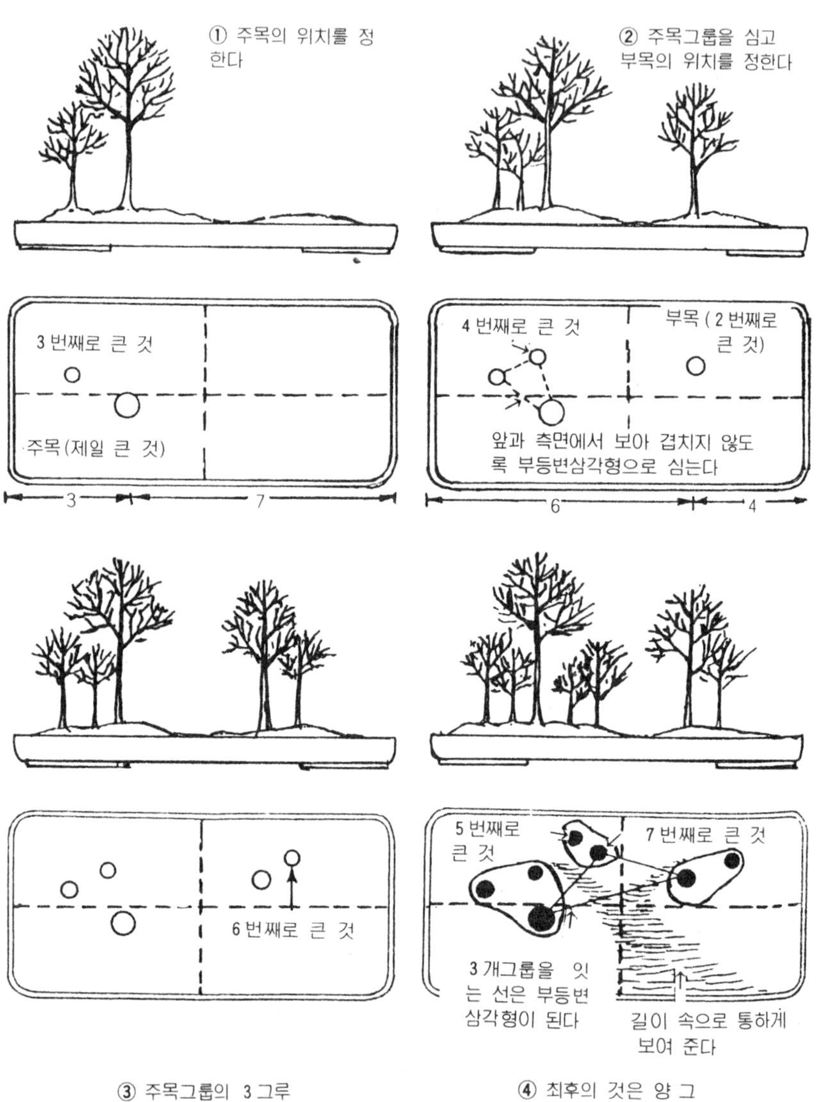

③ 주목그룹의 3 그루
와 부목그룹의 2 그룹
이 조화되도록 배치를
생각한다

④ 최후의 것은 양 그
룹 사이에서 주목쪽
뒤에 심어서 변화와
넓이를 느끼게 한다

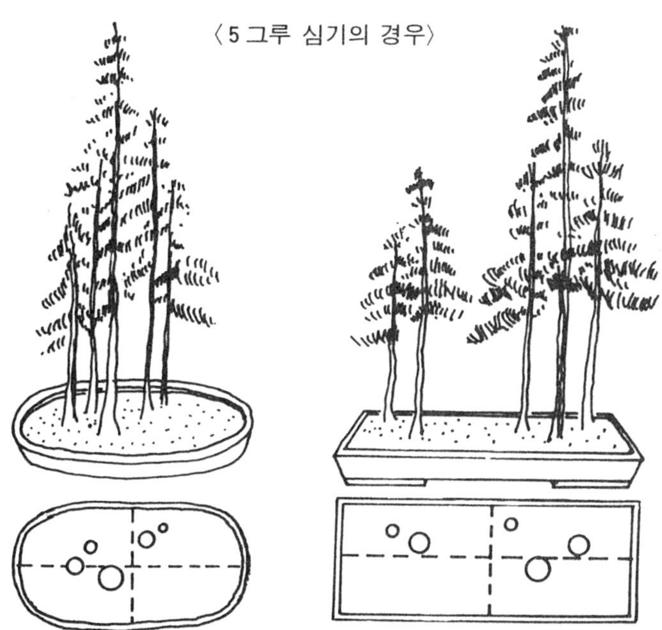

그룹을 만들어 3그루를 비교적 모아심고 5그루를 약간 떼어
서 심는다. 공간을 만드는 법에서 작품의 성과가 좌우된다

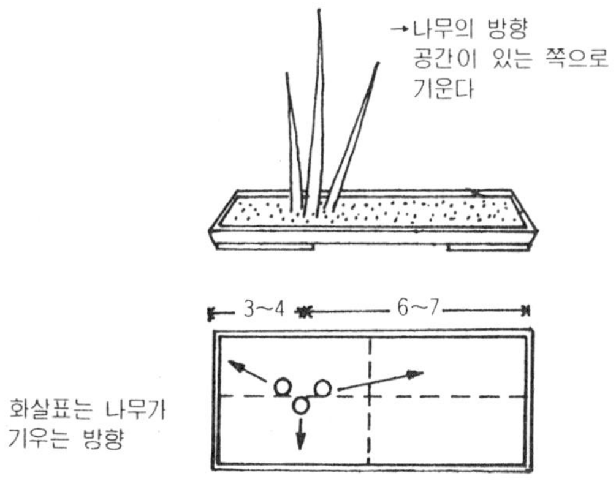

〈**뿌리밑을 모아 맞추는 모아심기에서의 나무의 방향**〉

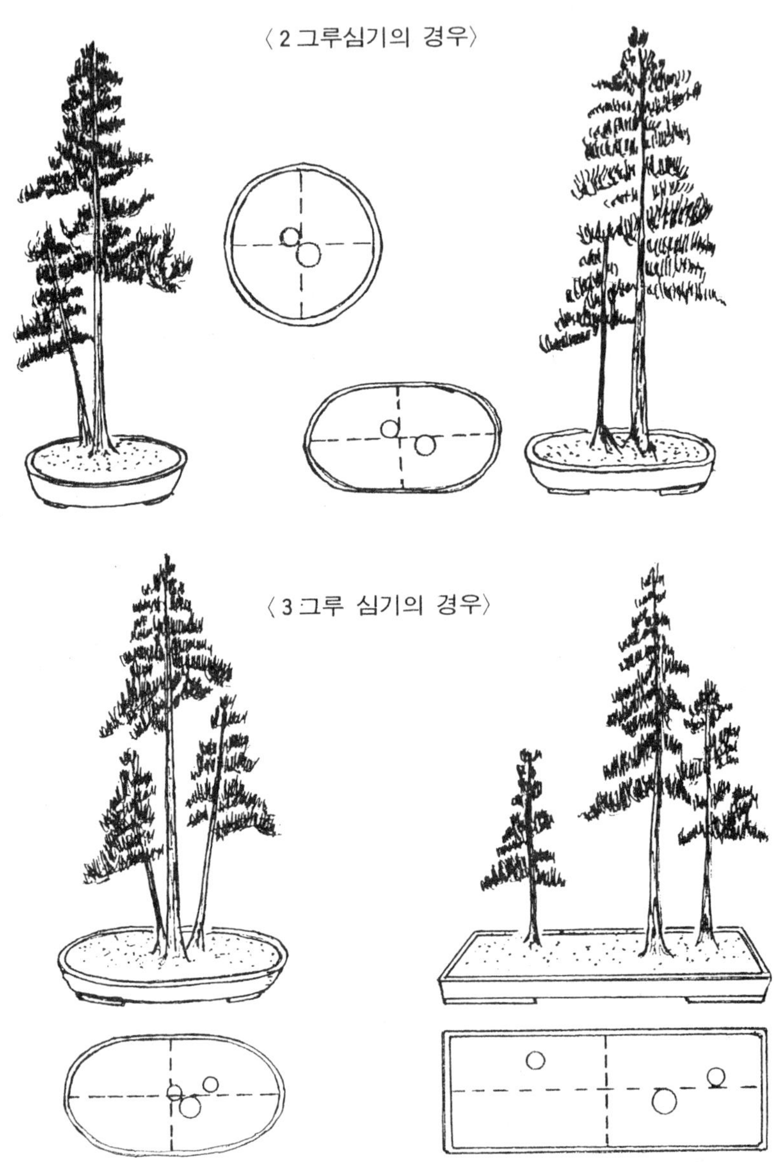
〈2그루심기의 경우〉
〈3그루 심기의 경우〉

〈여러그루심기의 경우〉

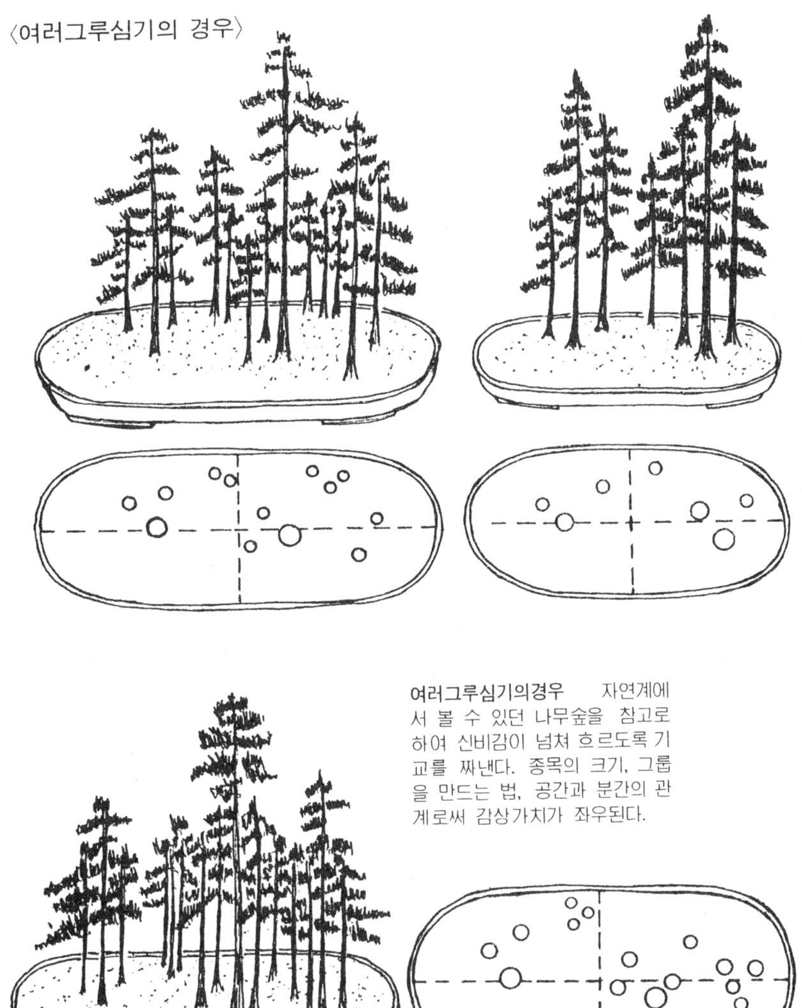

여러그루심기의경우　자연계에서 볼 수 있던 나무숲을 참고로 하여 신비감이 넘쳐 흐르도록 기교를 짜낸다. 종목의 크기, 그룹을 만드는 법, 공간과 분간의 관계로써 감상가치가 좌우된다.

14) 분재 소재의 단점 교정법

분재 소재를 자연에서 채취하여 손질하고자 할 때는 미래의 수형을
구상하면서 다음과 같은 수형은 교정해야 한다.

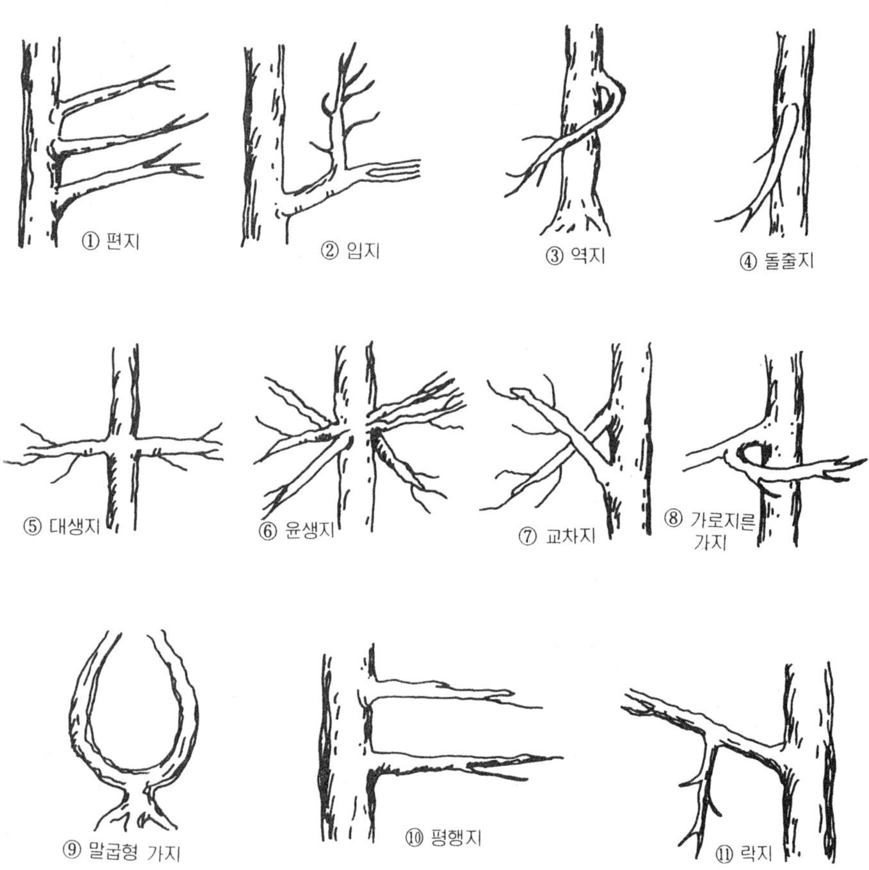

〈금기시하는 가지 · 수형〉

① **심지(芯止)** : 나무를 축소시킬 때 중간 부분은 잘라버린 형태로 윗가지를 세워서 심을 만들어주어야 한다.

② **편근(片根)** : 뿌리가 한쪽으로 치우쳐져서 난 것으로 안정감과 위엄, 박력이 없어 보인다. 이러한 것은 뿌리를 철사걸이로 교정하든가 뿌리가 약한 부분쪽으로 눕혀 심어 모양목이나 반현애로 교정하여 심는 것이 좋으며 돌을 이용하여 교정할 수도 있다.

③ **과혈간** : 중간에서 밑으로 구부릴 때 반원형으로 되게 키우며 단순하여 자연미 연출이 어렵다.

④ **역상생** : 쌍간의 소재일 경우 주간보다는 키가 작고 밑가지의 굵기가 주간보다 굵은 경우인데 이런 경우엔 주간을 제거하고 밑가지로 주간을 만들면 된다.

⑤ **구흉간** : 주간의 중간 부분이 밑부분보다 굵어져 불쑥 튀어 나온 경우인데 이런 경우 튀어 나온 부분만큼 백골을 만들어 주거나 깎아서 교정하면 된다.

⑥ **사지** : 빗장과 같이 주간에서 좌우 수평으로 뻗은 가지인데 이런 경우 한쪽 가지를 세워 꼭지를 만들어주든가 아니면 수형을 모아 제거하든가 한다.

⑦ **역지** : 주간을 가로지른 상태의 가지로서 철사걸이로 교정하든가 자체 접목을 하여 교정할 수 있다.

⑧ **앞쪽가지** : 분재를 감상하는 사람쪽으로 뻗은 가지로서 철사걸이로 옆으로 교정할 수 있다.

⑨ **사방가지(차지)** : 주간 한 부위에 마차바퀴 모양으로 사방으로 뻗은 가지로서 1~2개 정도만 남기고 제거한다.

⑩ **소수** : 주간의 중간 부분이 굵은 경우로 한쪽 부위를 튀어 나온 만큼 제거하여 주간의 균형을 맞춘다.

⑪ **역근** : 뿌리 부분이 가지와 같이 돌아온 것으로 철사걸이로 교정을 할 수 있다.

⑫ **교차지** : 두 가지가 교차된 것으로 철사걸이나 지렛대로 교정할 수 있다.

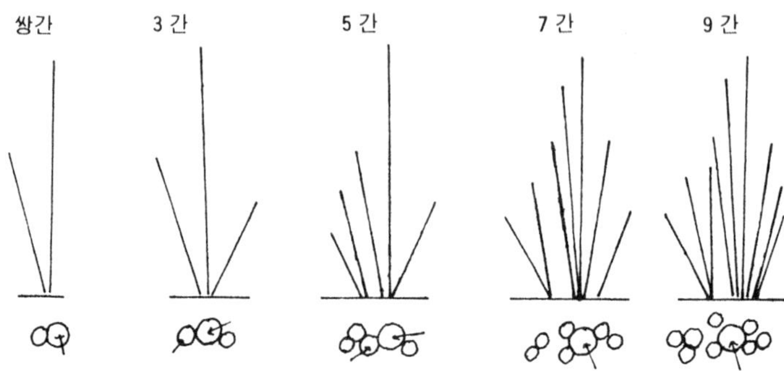

15) 백골 만드는 법

나무가 풍화로 인해 메말라 줄기의 껍질이 벗겨져 흰뼈〔白骨〕와 같은 상태로 목질부의 강인한 모습이 드러나고 가지도 풍화에 의해 말라 버려 고태가 나타나서 기나긴 풍우 설상을 견디어 낸 노 거목의 자태를 충분히 살리는 것이 분재에서 가장 중요한 요소이다. 또한 줄기와 가지에 백골이 이루어진 것은 쉽게 썩지 않도록 보존되어야 한다.

〈표 - 12〉 백골을 만드는데 적당한 수종과 시기

수 종	시 기	수 종	시 기
흑 송	12월 ~ 2 월	가 문 비	12월 ~ 2 월
진백 (향나무류)	〃	매 화	7 월 12월
주 목	〃	느 티 나 무	〃
두 송	〃	산 사 나 무	〃
적 송	〃		

백골의 형태와 보존

① 백골은 지극히 자연스러워야 한다.
② 강인한 생명력을 나타내야 한다.

③ 노목의 자태를 나타내야 한다.
④ 오래도록 보존되어야 한다.

16) 전정법과 잎따기

〈분갈이 후, 순의 고쳐세우기〉

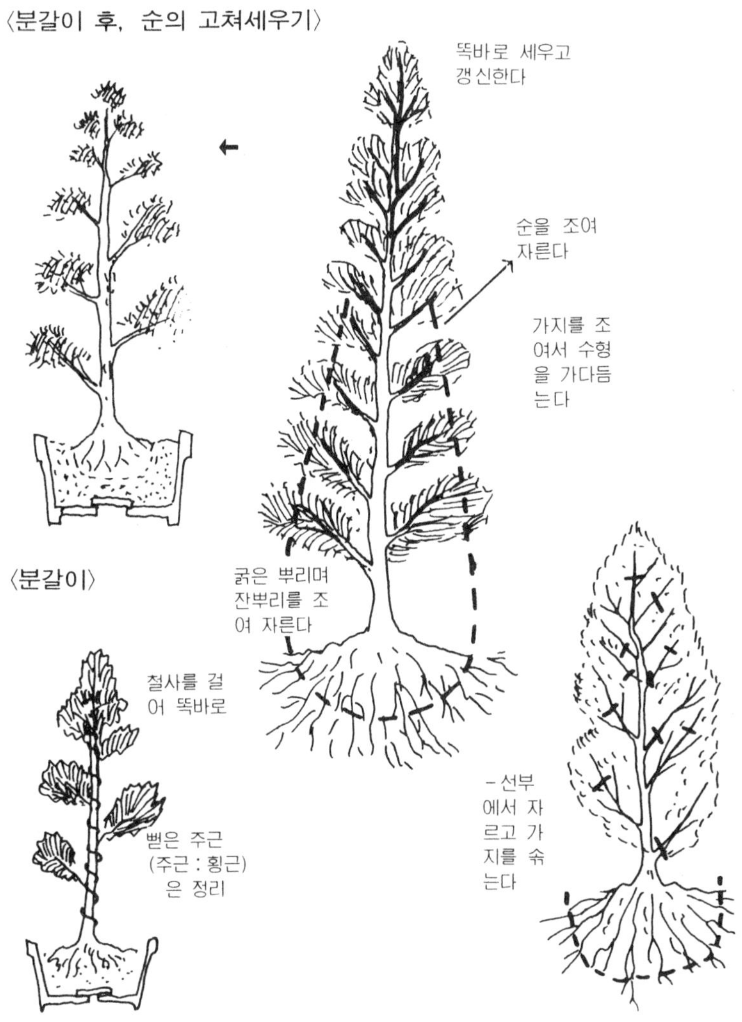

〈뿌리자르기와 가지자르기〉

분재를 만드는데 있어서 제일 중요한 것은 역시 전정이다. 그대로 방치해 두면 새순이 자라 세력이 강한 가지는 많이 자라고 나무의 밑가지는 세력이 약해지다가 말라버리고 만다. 이런 경우 순집기로 세력의 안배를 한다.

약한 가지와 강한 가지의 전정세력을 순집기로 조절해 줌으로써 나무 전체 수형의 균형을 조절해 줄 수 있다.

(1) 송백류의 전정 (흑송, 적송, 오엽송)

전정의 시기는 지방에 따라 차이는 있지만 대략 중부지방을 기준으로 한다면(서울, 청주) 6월 중순이 적기라 할 수 있으며 순의 길이가 3~4cm 정도면 전지의 시기로 보아야 적당하다.

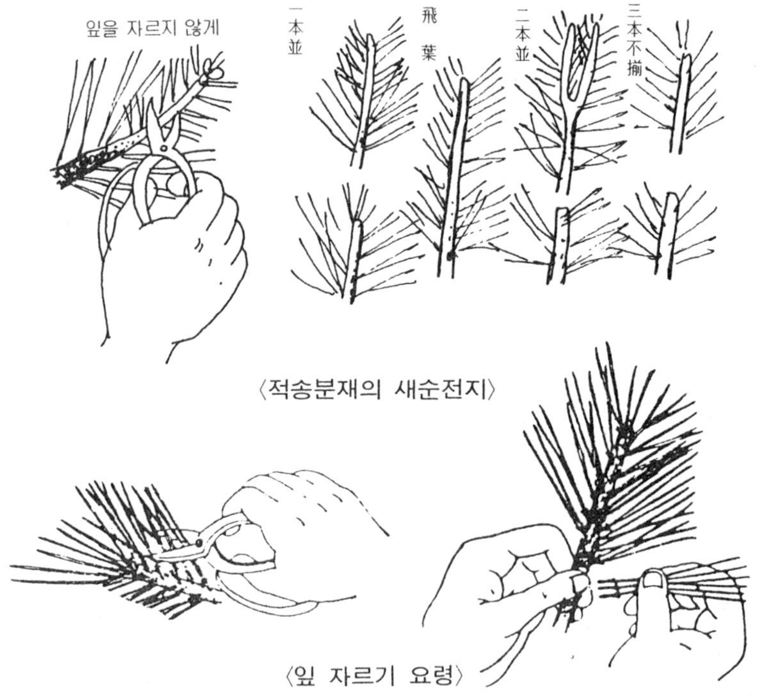

〈나무의 상태에 따라서 변하는 눈따기〉

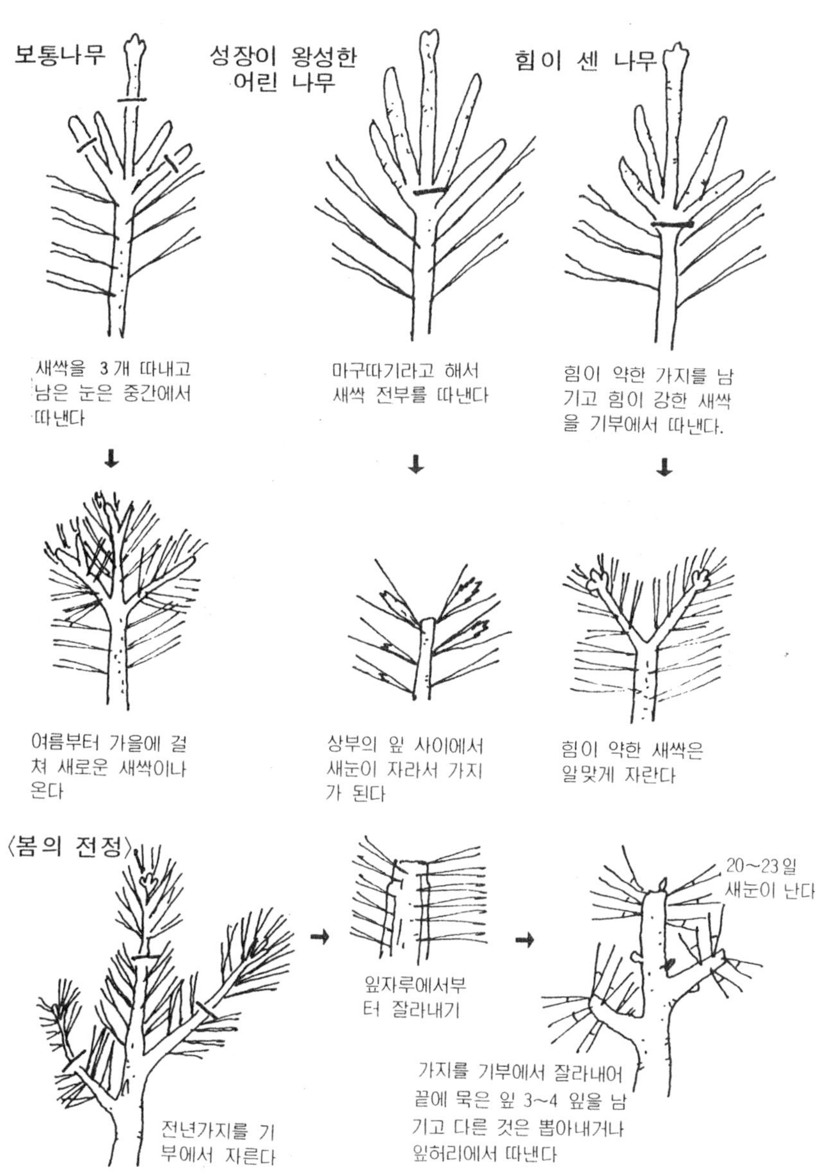

순의 길이가 너무 크면 전정후 새순의 솔잎 길이가 너무 짧아지므로
솔잎의 길이를 순치기로 조절할 수 있다.

전정을 할 때는 나무의 수형 조절에 따라 새순만 전지할 경우가 있
고 묵은 순만 남기고 새순 전체를 자를 경우 또는 묵은 순도 잘라 수
정을 조절하는데 여기서 꼭 염두해 두어야 할 것은 소나무는 반드시 솔
잎 사이에서 새순이 나온다는 사실을 알고 전정을 해야지 솔잎이 없는
부분까지 전지를 하면 송백류의 가지는 잡목과 달라 새순이 돋지 않는
다.

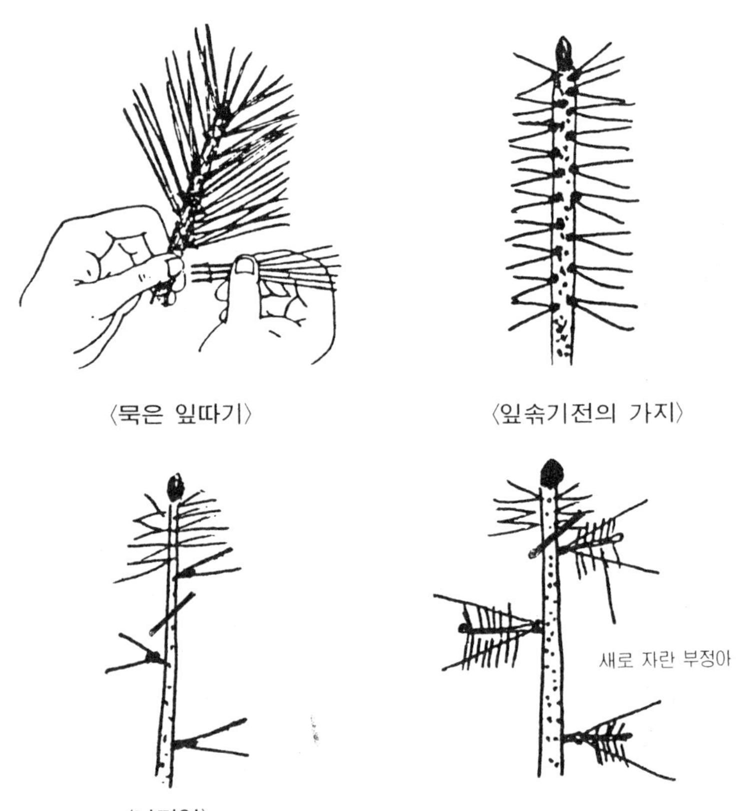

또한 송백류를 전지할 때는 전정 가위를 사용하지 말고 손으로 꺾어서 전지를 하는 것이 좋다. 전정가위를 사용하면 솔잎이 적색으로 변화되어 보기 흉할 뿐만 아니라 심하면 가지가 마르는 경우도 있다.

(2) 향나무류 전정

봄에 새순이 2개 정도 돋우면 손으로 부드러운 새순을 1cm 정도 잘라준다. 가지가 생기게 되어 다시 가을에 2cm 정도 자라면 수형을 보아가면서 1cm 정도 잘라주면 되는데 새순이 굳어져 손으로 자르지 못할 때는 전정가위를 소독하여 사용하고 잘린 부분을 톱신이나 다이젠 M-45 유황합제 보르도액 등 살균제로 소독을 해야 적변하는 것을 막을 수 있다.

(3) 잡목류 전정

어느 나무를 막론하고 나무는 가을에 전지를 하면 한해를 입을 염려가 있다는 것을 명심해야 한다.

① **유실수 화목류** : 유실수 화목류는 꽃이 피는 아름다움을 감상하고자 가꾸는 나무이므로 꽃이 진 직후 전지를 하여야 다음 해에 다시 꽃을 볼 수가 있다.

만약 꽃눈이 분화된 후 전지를 하게 되면 꽃눈을 잘라내는 결과가 되므로 다음에 꽃을 볼 수 없게 된다는 사실을 염두에 두고 전정한다.

② **꽃이 피지 않는 잡목의 전정** : 봄부터 새순이 돋는대로 순을 전정해가면서 수형을 잡아 가노라면 잔가지가 많아진다.

(4) 전정의 적기

분재를 하는 나무는 대부분 야생 나무이기 때문에 꽃눈이 나오는 시기 역시 야생종과 같으므로 야생종을 기준으로 하면 적당하다.

전정에 적당한 시기는 지방에 따라 다르나 일반적으로 다음과 같은 점에 유의하여 전정하면 된다.

① 분갈이를 할 때 같이 전정을 하면 적기이다.

② 낙엽수에서 나무가지를 만드는 것은 새순이 나올 때부터 하고 가지 배열은 겨울철에 하면 된다.

③ 유실수나 화목류는 꽃이 진 후나 꽃눈이 생긴 후 전지를 한다.

송백류

송백류는 잎이나 가지가 중요하지만 화목류나 유실수는 분재에 있어서 꽃이나 열매가 더 중요하므로 꽃이나 열매를 보호하다 보면 나무의

〈표 – 13〉 전정의 적기

송 백 류

수 종	적 기	수 종	적 기
흑 송	3월, 8월	두 송	1월, 2월
적 송	〃 〃	진 백	2월, 7월
금 송	7월	화 백 나 무	2월, 7월
오 엽 송	3월~7월	블 루 버 드	2월
삼 나 무	12월~2월	라 인 골 드	2월

잡 목 류

수 종	전 정 적 기	수 종	전 정 적 기
산 사 나 무	열매가 떨어진 후	은 행 나 무	3월
동 백	2월, 3월, 7월	화 살 나 무	3월, 7월
개 나 리	3월 꽃이 진후	단 풍 나 무	〃
해 당 화	꽃이 진 후	철 쭉 류	6월
황 매	꽃이 진 후	치 자 나 무	꽃이 진 직후
담 쟁 이	2월, 7월	석 류 나 무	6월
느 릅 나 무	〃	배 롱 나 무	꽃이 진 직후 3월
느 티 나 무	〃	자 귀 나 무	3월, 7월
쥐 똥 나 무	〃	등 나 무	꽃이 진 직후
소 사 나 무	〃	돌 배	2월
너도매화나무	3월, 7월	감 나 무	12월, 2월
심 산 해 당	3월	비 파 나 무	3월
모 과 나 무	2월	왕 보 리 수	2월
으 름 덩 굴	2월	정 금 나 무	3월, 7월
피 라 칸 사	2월	제 사 리 나 무	〃
벚 나 무	꽃이 진 후	황피성느릅나무	〃
매 화 나 무	〃	오 죽	3월부터 잎벗기기 시작함.

수형이 흐트러지는 경우가 있다. 왜냐하면 유실수의 경우 열매가 맺힌 가지는 다른 가지보다 쇠약해져 다음해에는 꽃이 피지 않는 경우가 많고 그해 열매가 맺지 않는 가지는 세력이 왕성하므로 이듬해에 반드시 꽃이 피기 때문이다.

유실수는 열매가 열리면 중량 때문에 가지가 아래로 처지게 된다. 그리고 이것을 그대로 방치하면 가지가 쇠약해지므로 지주를 세워 처지는 것을 막아주어야 한다. 또한 열매를 맺는 가지는 세력이 좋은 새가지가 잘 나오지 않으므로 짧게 잘라주어 원기 좋은 새가지가 나오도록 유도하는 것이 좋다.

이런 가지를 잘라낼 때는 그림과 같이 잎이나 밑순 바로 위를 잘라주는 것이 좋다. 또 가지를 잘라낼 때는 새가지 바깥쪽으로 뻗어나도록 바깥쪽 눈 바로 위를 잘라 주어야 한다. 원기있는 새가지가 안으로 뻗으면 보기에도 좋지 않을 뿐 아니라 햇빛을 잘 받지 못하므로 말라버릴 염려도 있다.

잘라버린 위치는 그림과 같이 눈위 부분을 잘라 표피가 쉽게 아물도록 하는 것이 좋으며 눈위를 여유가 있도록 자르면 아물지 못하고 시들어 부패하기 때문에 균이 눈 밑으로 침범할 염려가 있다.

그리고 자른 후에는 반드시 유합제를 발라 외부의 균이 침범하지 못하도록 하는 것이 좋다. 적송이나 흑송의 가지는 좀 여유가 있도록 잘라 백골을 만들어 상처 부위가 나타나지 않도록 처리하는 것이 바람직하다.

(5) 잎따기

잡목류의 잎은 봄에 새순이 나오고 잎이 자라 깨끗한 멋을 풍기다가 여름철이 가까와지면 잎이 제멋을 잃어 마침내는 지저분해지는 경우가 대부분인데 이럴 때 잎따기를 하여 새잎을 보게 되면 그 아름다움이 재현되어 분재로서의 품위를 잃지 않게 된다.

잎따는 방법 및 시기

잎을 따고자 할 때는 잎 자루와 잎이 붙은 부분 (잎 꼭지 부분)을 잘라 주면 좋다.

이렇게 잎을 따주면 얼마 지나지 않아 잎 자루는 시들어 자연스럽게 떨어지기 때문에 굳이 잎자루까지 따낼 필요는 없는 것이다.

잎따기 시기는 특별한 시기가 없고 잎이 깨끗하지 못할 때는 언제나 잎 따기를 해 주는 것이 좋으나 반드시 잎의 성장기간을 보아 실시해야 한다. 봄부터 여름까지는 아무때라도 좋으나 가을에 잎따기(8월이후)를 한다면 잎이 성장할 시간이 없이 추위가 다가오므로 가을 잎따기는 온실이 없는 한 하지 않는 것이 좋다.

잎따기 주의점

잎따기는 나무를 쇠약하게 만들므로 사전에 충분한 시비를 하여 나무를 튼튼하게 만든 다음 실시해야 한다.

다음과 같은 구체적인 요인을 설명해 본다.

수세가 좋은 나무 : 수분 증발이나 호흡과 같은 중요한 역할을 하는 기관이 잎으로서 양분을 합성하는 기관이다. 따라서 이러한 중요한 역할을 하는 기관을 따내는 작업이기 때문에 수세가 왕성한 나무라 할지라도 갑자기 약해지기도 한다. 쇠약한 나무일 경우는 새잎을 만들 수 있는 힘이 약하기 때문에 그대로 고사하는 경우도 있다. 때문에 일시에 잎을 다 따버리지 않고 세력이 약한 가지를 먼저 따고 잎이 나오는 것을 보아 완전히 따버리는 방법을 택하는 것도 좋은 방법이라 하겠다.

17) 잔가지를 많이 만드는 나무

잎을 따주면 가지치기를 했을 경우와 마찬가지로 잔가지가 많이 나온다. 반면에 가지가 굵어지지는 않는다. 따라서 굵은 가지를 필요로 할 경우 또는 아랫가지일 경우에는 잎따기를 하지 않고 그대로 두는 것이 좋다.

18) 분재 배양에 필요한 약제

발근제, 상처보호제, 살균·살충제 조제법 등.

(1) 생장조절제

잎을 튼튼하게 하는 엽록소 촉진제와 뿌리의 발생을 돕는 발근촉진
제, 생장을 억제하는 생장억제제, 열매를 충실하게 맺게 하는 결실촉
진제, 그리고 잘 자라게 하는 성장촉진제 등으로 나눌 수 있는데 분재
인은 꼭 필요로 하는 몇가지를 적절히 사용함으로써 분재배양을 하루
빨리 터득하고 누구나 분재를 과학적으로 기를 수 있도록 해야 하겠다.

(2) 발근 촉진제

분재하는 사람이면 누구나 식물을 옮겨 심을 때 가장 신경을 쓰는 것
이 뿌리 부위이다. 뿌리의 발근을 왕성하게 하여 튼튼한 분목을 만들
어야 훌륭한 작품을 기대할 수 있기 때문이다.

그러므로 뿌리를 잘 내리게 하는 발근촉진제를 찾게 되는데 발근촉
진제에는 여러 종류가 있어 분재인이 알아야 할 대표적인 것으로 몇 가
지만 소개하고자 한다.

발근촉진제로서는 β-Indole acetic acid(IAA), β-Indole propionic
acid(IPA), β-Indole Butyric acid(IBA), α-Naphthalenc acid
(NAA), Phenylacetic acid 등이 있다. 발근촉진제의 용도는 꺾꽂이,
취목, 이식, 굵은 뿌리를 잘라 축소시킬 때 등 발근촉진제가 필요한 부
분에 소량을 사용하면 뿌리를 빨리 돋아나게 하여 식물의 생장을 촉진
시켜 주는 역할을 한다. 여기 필자가 사용한 발근제 몇 가지를 소개하
고자 한다.

발근제조제 사용법

●준비물 : β-Indole butyric acid 2g, 비타민 B_2 0. 2g, C_2H_5OH
10cc, H_2O 1000cc

●만드는 법 : C_2H_5OH에 β-Indole butyric acid 2g을 녹여 H_2O 1,
000cc에 희석한 다음 비타민 B_2를 넣어 녹인다. 이것을 적토에 반죽하
여 상처부위에 1~1.5㎜ 정도의 두께로 발라 분에 옮기면 뿌리 활착이
촉진되어 분목이 튼튼히 잘 자란다.

삽목할 때는 α – Naphtalene acetic acide 1~20만 배액에 비타민 B_2 0.5~ 1g을 녹인 액에 3~4시간 담가두었다가 삽목하면 활착율이 현저히 높아지는 것을 직접 경험할 수 있을 것이다. 특히 잡목류에 있어서는 거의 실패없이 성공할 수 있는 잇점이 있으며 송백류 중에서도 노목인 적송(산채목)의 경우는 아주 효력이 빨라 산채목을 소생시키는데 더욱 좋다. 필자의 경험으로는 겨울부터 가을에 산채한 산채목 중 뿌리가 거의 없는 적송노목에 적송과 흑송의 뿌리에서 공생하는 균이 있는데 이 공생균을 뿌리 절단면에 부착시키고 H_2O 1000cc에 Indole butyric acid 2g, Naphtalene acetic acid 2g, 비타민 B_2 0.5g을 혼합하여 사용한 결과 실패없이 활착율이 좋은 것을 경험했고 특히 노목을 취목할 때에도 발근율이 현저히 촉진되는 것을 경험하였기에 분재인에게 조금이라도 도움이 될까하여 지면을 통해 간단히 소개하고자 한다.

(3) 유합제 (상처보호제)

분재를 전정하다 보면 상처가 생기게 되는데 그 상처를 보호해주므로 외부의 병충해의 침입을 방지함과 동시에 탈진 또는 탈수를 막아 주어서 상처가 부패되지 않고 새로이 표피가 돋아나 상처가 빨리 아물도록 해준다.

이러한 약품으로는 현재 시중에도 몇 가지 판매되고 있으나 필자가 손쉽고 저렴하게 제조하여 사용하는 방법을 소개하고자 한다. 유합제는 크게 두가지로 나눌 수 있다.

① 합성수지로 만드는 법

합성수지로 만드는 방법은 비닐계, 아크릴계 등을 사용하여 식초산 비닐수지 아크릴계 비닐수지를 유기용매에 용해시켜 거기에 발근촉진제를 섞어 만든 것이나 필자가 쓰는 것은 Phemul 수지에 발근제를 혼합하여 만들어 사용하고 있는 것으로 사용하기가 다소 불편한 점이 흠이라고 할 수 있다.

② 천연수지로 이용하는 법

Risin을 C_2H_5OH (98%)에 녹이고 여기에 Indole acetic acid나 Indole butylric acid를 $0.5{\sim}1g$ 을 넣고 여기에 비타민 B_2를 $0.2g$ 을 넣는다. 또 색상을 원할 때에는 Methylene Blue ; Methylene orange, Methylene Red 등으로 색상을 넣어 사용하기도 하며 이것은 분목에 붙어 있는 병충해를 죽이는 살균·살충 작용도 함께 하므로 분재인이 사용하기에 편리하여 이 방법을 한번 사용해 보기를 권하고 싶다.

(4) 살균·살충예방제인 보르도액 조제법

물 $1l$ 에 $CuSO_4$와 CaO의 g수에 의하여 6−6식, 8−8식 등으로 구분된다. 즉 물 $1l$ 에 $CuSO_4$ 8g과 CaO 8g을 용해시킨 것을 8−8식이라고 부른다.

조제법

통 하나에 전 소요량의 물 80%로 $CuSO_4$용액을 만들고 다른 통 하나에 20%의 물을 가해서 CaO를 녹여 석회유를 잘 저으면서 여기에 황산동용액을 소량씩 넣어 주면 보르도액이 된다. CaO유에 $CuSO_4$유를 서서히 넣으면서 저어준다. 병원균에 따라서 적합한 방법을 선택해야만 하는데 필자의 경험으로는 8−8식이 분재에 적합하며 가을과 봄에 각각 1회 정도면 무난히 병충해를 예방할 수 있다.

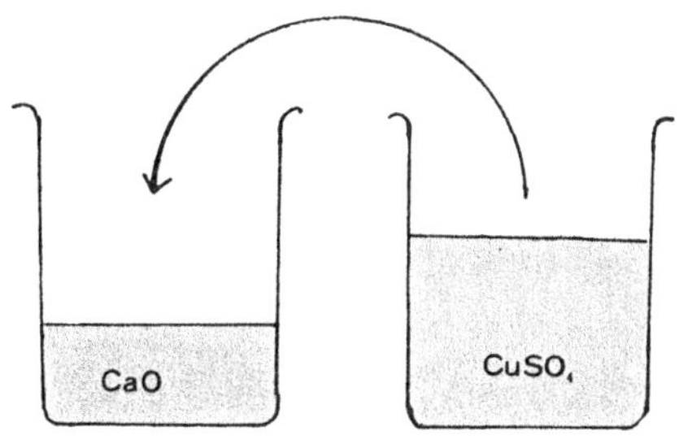

사용방법

① 보르도액은 효력과 지속성이 큰 살균제로서 비교적 광범위하나 병원균에 대해서 유효하다.

② 적당한 접착제를 사용하면 부착력이 좋아 약효를 오래 지속시킨다.

③ 보르도액은 만든 즉시 살포하여야 하며 7시간 이상이 지나면 약효가 떨어진다.

④ 예방이 목적으로 사용되는 것이므로 발병전에 사용하여야 한다.

보르도액의 감정

보르도액은 흰색을 띤 유리색이며 $PH_{12~14}$가 되어야 하며 빨리 침전하지 않는 것이 좋다.

적응병

녹병, 흰가루병, 깍지벌레, 응애, 잎오갈병, 줄기마름병.

(5) 석회유황합제 (Live-Sulfur mixture)

Live-sulfur mixture는 1881년 프랑스에서 사용되어 왔으며 값이 싸고 살균력 뿐만 아니라 살충력도 지니고 있으므로 분재 병충해 방제용으로 최적격이고 손쉽게 만들어 사용할 수 있다.

조제법

CaO 175g + S 350 g을 H_2O 1000cc에 넣고 2 기압 아래에서 120~130℃ 로 약 1시간 가량 가열, 반응시킨 다음 30분간 냉각후 여과하여 공기를 차단할 수 있는 용기에 두고 조금씩 필요량만큼 적절히 사용하면 된다.

사용법

① Live-sulfur mixture는 금속제를 피하고 반드시 나무 그릇이나 플라스틱 그릇을 사용해야 한다.

② 휴면기에는 7~9배액으로 만들어 사용한다.

③ 봄 여름에는 잎과 줄기에 80~140배액으로 희석하여 살포한다. 특히 분재용 귤나무의 화살깍지벌레 방제용으로는 80~120배액 18 l 에 $ZnSO_4$ 150g을 가용하게 되면 충해를 방지할 수 있다.

④ 여과한 찌꺼기는 상처가 큰 부위에 발라 시멘트를 하거나 백골을 쳤을 때 발라두면 미관상 좋을 뿐만 아니라 시멘트가 되어 오랫동안 보존된다.

(6) 적응병충해

송백류, 화목류 기타 잡목에 11월~12월 사이에 2회 정도 살포하면 1년내 병충해 걱정은 하지 않아도 된다.

필자는 12월 상순에 1회, 2월 중순에 1회, 2회를 살포하여 1년을 무사히 지냈음을 참고로 일러두고자 한다.

제3장 분재 배양

1) 식물의 자연 수형

아름답고 멋이 있는 분재는 자연상태의 수형처럼 자연 그대로 가꾸어 감으로써 명목의 분재를 만들 수 있다.

자연 속에서 성장하고 있는 식물은 형이 같은 식물이 하나도 없다. 종류 혹은 장소에 따라 모두가 독특한 특징의 아름다움을 뽐내고 있는 것이다. 같은 종류의 수종이라 할지라도 장소에 따라 자라는 형태가 다른 분위기를 나타낸다. 때문에 수형을 결정하는데 있어 먼저 그 수종에 적당한 수형을 선택해야 한다. 곧게 직선적으로 자라는 수종은 직간으로 가꾸고, 등줄기가 자연스럽게 휘어져 자라는 수종은 사간이나 모양목으로 가꾸는 것이 바람직하다. 이러한 수종의 특성을 무시하고 인공적인 힘을 가하여 비틀고, 휘는 특별한 방법으로 수형을 잡아 주게 되면 자연스러운 운치가 오히려 부자연스럽게 되어 자연의 매력을 손상시키는 경우가 있으므로 너무 무리하게 수형을 강요하지 않도록 하는 것이 좋다. 오직 수종 자체의 특성을 최대한으로 살려 수형을 잡아 가꾸어 간다면 좋은 분재를 만들 수 있을 것이다.

수형을 결정하는 데는 다음과 같은 조건이 결정적 요소가 된다.

① 수종이 갖는 아름다움, 멋 분위기가 살아야 한다.

② 자연 상태에서의 형을 고려해야 한다.

③ 수종의 상태, 밑둥치 뿌리 모양을 충분히 고려해야 한다.

(1) 자연수형

자연의 수형을 몇 가지로 분류해 보면 다음과 같다.

① 삼각형

② 부채꼴형

③ 원형

④ 늘어진 형

(2) 뿌리와 수형

가지와 뿌리는 매우 밀접한 관계가 있다. 즉 가지의 상태로서 뿌리의 뻗음이 좋고 나쁨을 알 수 있을 만큼 밀접한 관계가 있는 것이다. 예를 들면 직근이 깊게 뻗은 나무는 줄기가 곧바로 자라 직관형이 되고 직근이 없어 잔뿌리가 옆으로 뻗어 있으면 가지도 사방으로 뻗는 경향이 있다. 때문에 잡목류는 분갈이를 게을리 하면 특정 뿌리가 분 가운데를 차지하게 되고 이에 따라 가지도 특정 가지만 곁자라게 되어 전체형을 흐트러 놓으므로 주의해야 한다.

— 뿌리담에 돌 놓기 —

줄기의 상태는 좋으나 뿌리 뻗음이 좋지 않으면 불안하고 보기에 안정감이 없다. 이러한 경우 뿌리 뻗음이 좋지 않은 부위에 작은 돌을 놓아 안정감이 있도록 하면 전과 아주 다른 이미지의 분재미를 찾을 수 있다.

---

(3) 개화 방법

수목에 꽃을 피게 하여 아름다움을 감상하고자 할 때는 다음 몇 가지 조건이 필요하다.

① 꽃을 개화할 수 있는 나이에 이르러야 한다.

② 질소 비료의 양을 적당히 조절하여 주고 탄수화물이 충분히 축적되어야 한다(골분시비).

③ 온도, 햇빛, 수분의 조절이 적당해야 한다.

이와 같은 조건은 꽃을 피게 하는데 매우 중요하므로 충분한 영양 관리와 일광 처리하여 충실하게 비배 관리를 하여야 한다.

〈표 - 14〉 꽃 눈의 분화기

수　　　　　종	분　화　기	수　　　　　종	분　화　기
무궁화나무	5월 중순	피 라 칸 사	4월 하순
동백나무	6 ~ 7 월	배　나　무	6 ~ 7 월
백목련	5월 중순	귤	〃
등나무	6 월	사 과 나 무	〃
산다화	6월 하순	감　나　무	〃
철쭉류	6 ~ 8 월 (수종에 따라 차이 있음)	매 화 나 무	7 ~ 8 월
서향나무	7월 상순	비 파 나 무	〃
벚나무	6월 하순	치 자 나 무	〃
모란	8 월	석 류 나 무	〃
금목서	〃	심 산 해 당	6 월
모과	〃	보 리 수	〃
능수조팝나무	10월	해 당 화	〃
정금나무	6 월	매 자 나 무	7 월
장수매	〃	목 백 일 홍	8 월
홍자단	7 월	감 나 무	〃
		낙 산 홍	7 월

2) 분재 배양관리 기술

(1) 적송(육송)

겨울 눈이 적색으로 전국의 산악지대에 걸쳐 자생하는 수종으로 자연상태에서는 표피가 붉은 빛을 띠고 있는 것이 특징이라 할 수 있다.

소재 증식

① **실생** : 실생으로 기르다 보면 수형을 자유 자재로 선택할 수 있는 잇점이 있으나 시일이 너무 오래 걸리는 것이 단점이라 할 수 있다.

② **산채** : 산채목은 비교적 저렴한 가격으

로 큰 소재를 구입할 수 있고 완성시키는 시일도 빨라 자연의 곡을 갖고 있는 소재를 일시에 한정된 분으로 옮겨 활착 시킨다는 것은 쉬운 일이 아니다.

③ 채취시기

채취시기는 연중 어느 때나 할 수 있으나 관리하기가 편리한 시기는 4월 전후의 7~8월이 최적기라 할 수 있다.

소재 선택방법

① 뿌리 퍼짐이 사방으로 뻗쳐 나와 있고 뿌리의 높이가 균일한 소재가 좋다.

② 허리가 낮고 아래 부분 가지가 많은 것.

③ 잎이 가늘고 짧은 것

④ 마디와 마디 사이의 간격이 짧은 것.

적송의 배양토

산성 토양을 좋아하므로 산마사를 3~5mm 입자 크기의 마사에 황토 2~3%를 정도 섞어 사용하는데 분구멍이 있는 부분은 왕 마사로 채우고 뿌리 부분은 황토를 섞은 마사로 심는다.

적송의 활착 요령

적송은 물을 좋아하지 않는 수종이므로 잡목 분재의 $\frac{1}{2}$ 정도의 수분만 유지해 준다. 적송은 1주일 정도 물을 주지 않아도 고사하지 않을 정도로 건조를 좋아하는 수종으로서 적송의 뿌리에는 흰곰팡이와 같은 공생균이 붙어 살고 있는데 이 균이야말로 적송에서 없어서는 안되는 균이다.

환경조건

① **습도** : 잎을 통한 수분의 증산이 너무 심해져서 뿌리가 나기 전에 적송이 고사되지 않도록 잎의 증산량을 억제해서 발근될 때까지 잎의 건조를 막아야 한다. 건조를 막기 위해서는 분무기를 사용하여 분무함으로써 잎의 증발량을 억제할 수 있다.

② **온도** : 주간 21~27℃, 야간 15~21℃ 일 때가 활착이 제일 잘 되나 지상부의 온도보다 뿌리 부분의 온도를 높여 주게 되면 더욱 활착

이 잘 된다.

③ **광선** : 일광을 차단시켜 조직을 황화 처리 해주면 활착율이 좋으나 적송은 2주 정도 반 음지에서 관리하다 통풍이 잘 되는 화분대로 옮겨 일반관리 한다.

적송 수형

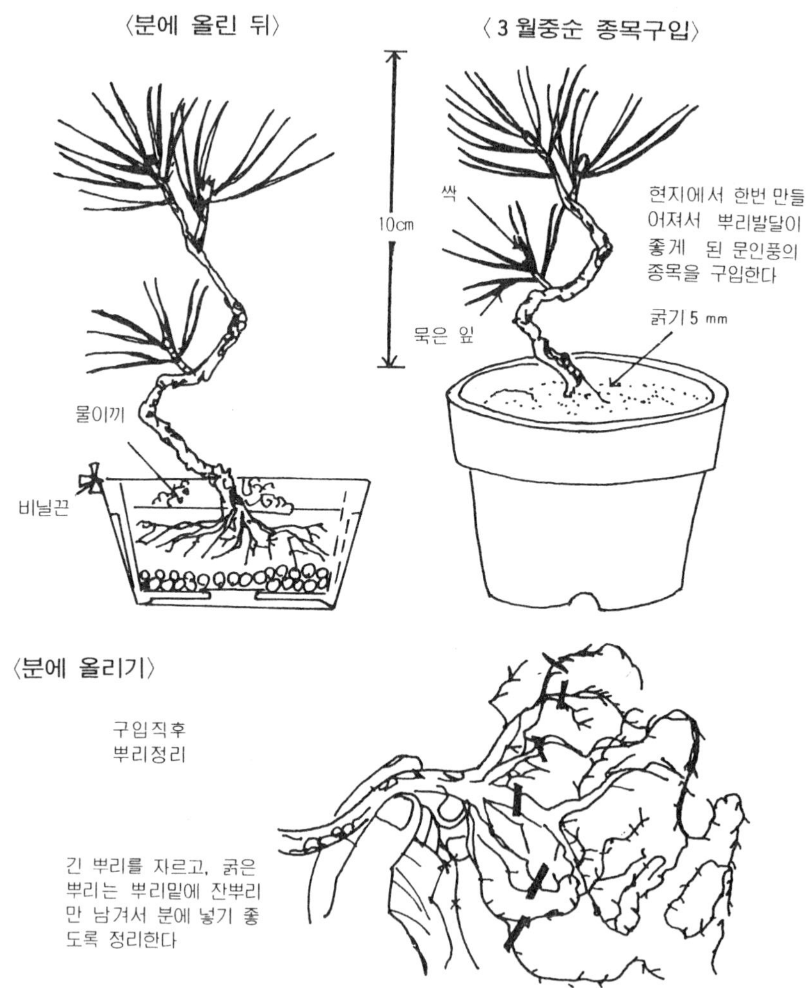

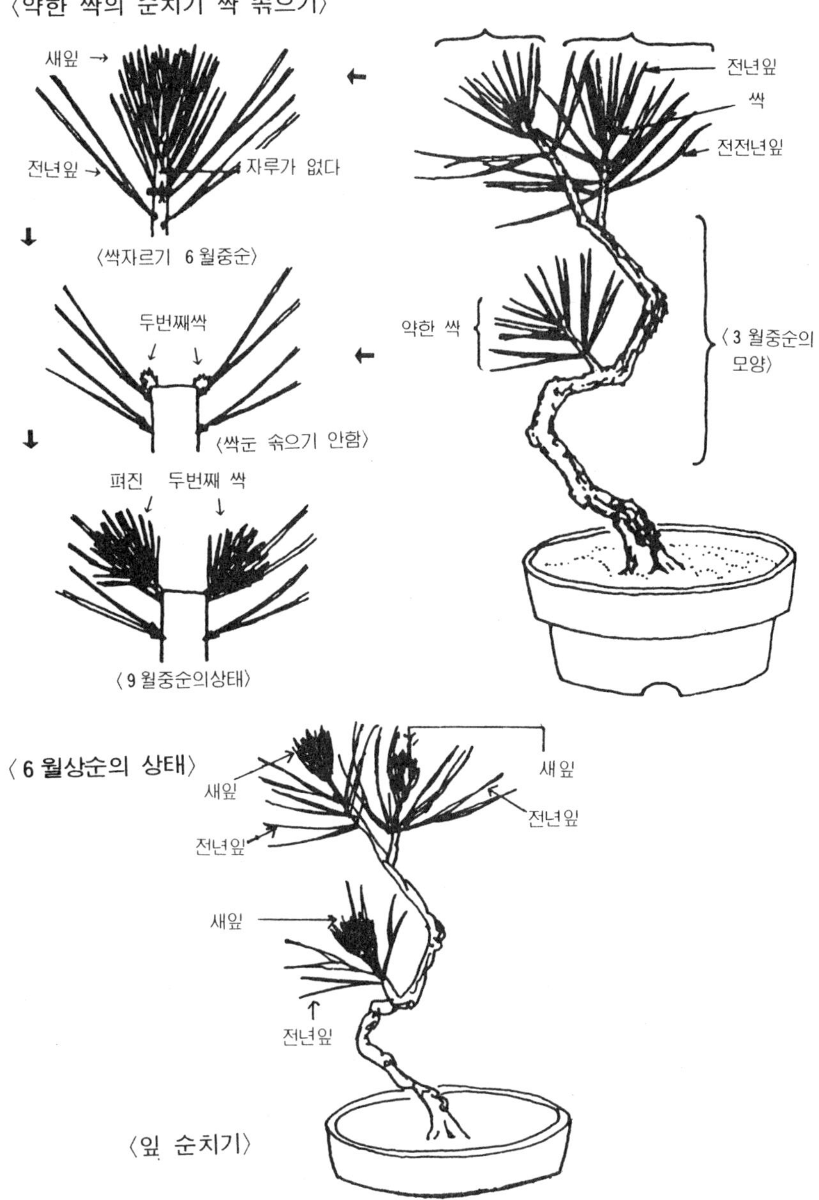

〈약한 싹의 순치기 싹 솎으기〉
새잎 →
전년잎 →
자루가 없다
〈싹자르기 6월중순〉
두번째싹
〈싹순 솎으기 안함〉
퍼진　두번째 싹
〈9월중순의상태〉
전년잎
싹
전전년잎
약한 싹
〈3월중순의 모양〉
〈6월상순의 상태〉
새잎
전년잎
새잎
전년잎
새잎
전년잎
〈잎 순치기〉

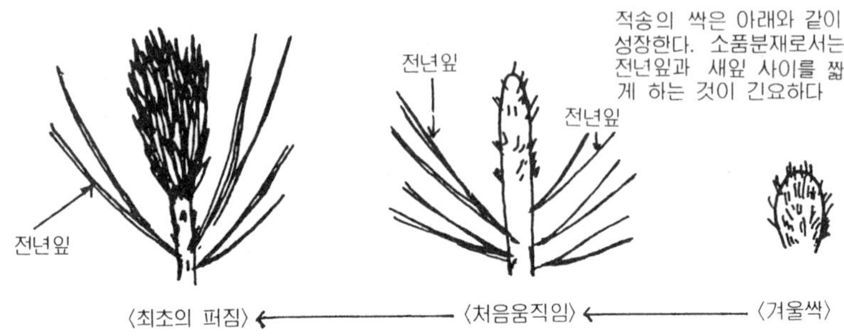

〈적송의 싹이 펴지는 과정〉

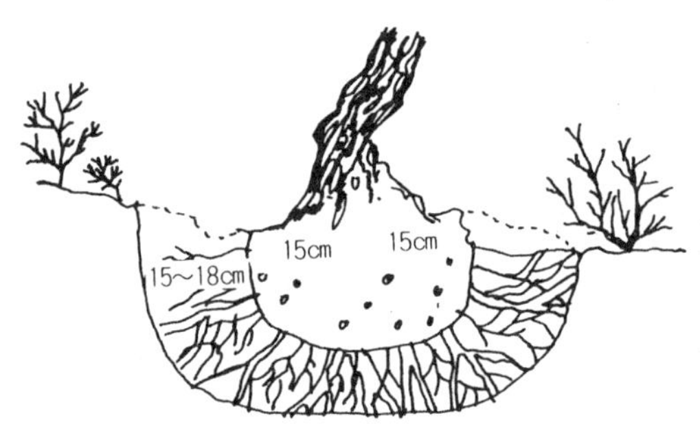

〈적송캐는 법〉

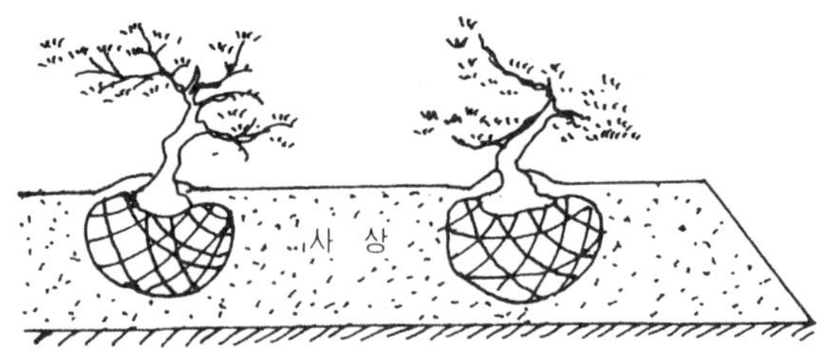

〈산취목의 가식법〉

④ **산채** : 모양목, 문인목, 현애 등

⑤ **실생** : 직간, 곡간, 쌍간, 합식 등으로 만들 수 있다.

병충해 방제

12월부터 2월 사이에 석회유황합제 8 배액을 1~2회 살포함으로써 병충해를 예방할 수 있으나 유충은 말라손 1,000배액으로 구제한다.

월동대책 : 적송은 추위에 강한 수종이므로 자연 상태에서도 무방하나 분목이 약해졌을 경우는 간단한 비닐 하우스나 프레임에 넣어 강추위를 막아 준다. 너무 과잉보호를 하다보면 병충해를 유발시키고 뿌리의 활동이 시작되므로 주의해야 한다.

(2) 흑송

흑송은 해변가 산 기슭에 자라는 상록 침엽수로서 적송보다 잎이 억세며 길다. 순은 겨울철에 적송과 달리 흰색을 나타내며 포피는 적송에 비해 거칠어 남성다움을 나타내는 것이 특징이다.

소재 증식

① **실생** : 실생으로 기르면서 수형을 자유 자재로 만들 수 있으나 역시 오랜 시간이 걸린다. 소품을 얻고자 한다면 아주 적합하다.

② **산채** : 적송편 참조

③ **취목** : 적당한 부위에 취목을 하여야 일시에 좋은 분재를 만들 수 있다.

소재 선택 방법

적송편 참조

흑송의 배양토

지름 3~5mm 정도의 왕사에 적토(황토) 2~3%, 흙토 2%, 부엽토 2%를 혼합하여 사용한다.

분갈이 시기와 방법

〈분에서 뽑는다〉
15 cm
5 cm
뿌리
〈뿌리의 정리〉
자른다
자른다
원토
〈용토넣기와 나무의 배치〉
나무
I ~ 2 mm의
적옥토 9
동생사 I
원토와 뿌리
〈갈아심은 후〉
40 cm
직경 1.5 cm

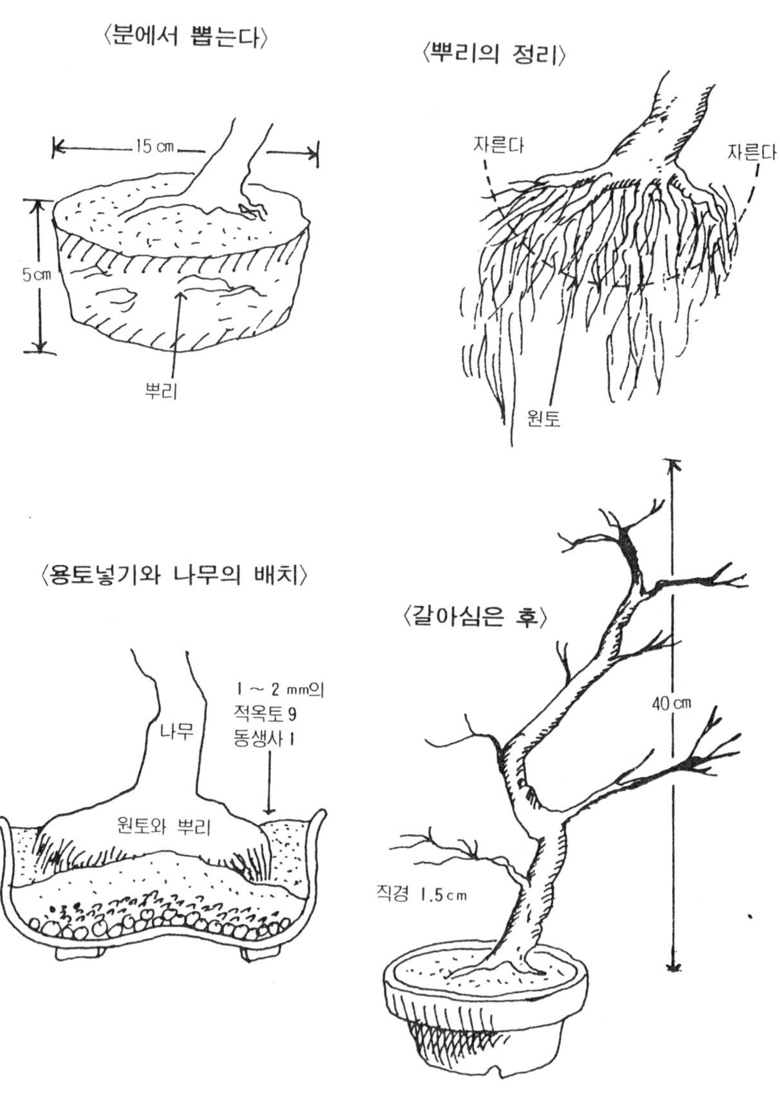

분갈이는 연중 행하여도 좋으나 나무의 부담을 주지 않는 4월이나 7월이 적기라 할 수 있다. 분갈이는 3~5년후 분의 상태를 보아 실시하는데 분 구멍이 있는 부분은 왕마사로 채우고 뿌리 부분은 배양토를 사용하여 심는다.

관리

분갈이후 1~2주일 정도가 가장 중요한 시기이므로 이 기간은 너무 건조해지지 않도록 물을 주고 바람을 막아 건조를 방지하면서 반 그늘에서 1~2주일 정도 관리하다가 일반 분재와 같이 관리한다.

단엽만들기

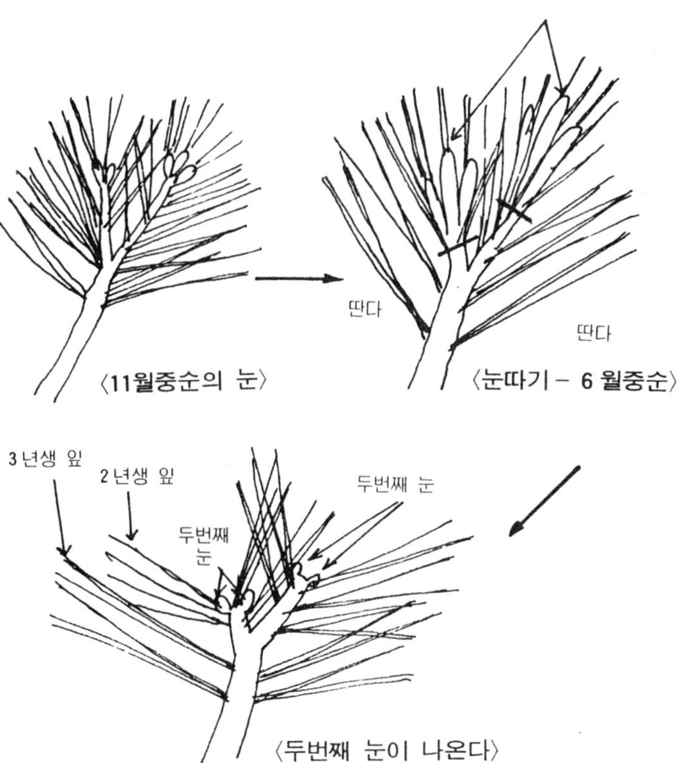

〈강한 싹의 순치기와 싹솎으기〉
퍼진 두번째 싹
전년잎
〈9월 중순의 상태〉
두번째싹
전년잎
〈눈솎으기 7월 하순〉
새잎
자루가 길다
〈싹자르기 6월 하순〉
퍼진 두번째 싹
전년잎
〈9월중의 상태〉
두번째 싹
전년잎
〈싹눈솎으기 안함〉
새잎
자루가
좀 있다
〈싹 자르기· 6월중순〉

새로 나온 가지
작년에 자란 가지
새 순
순집기
솔잎
새 순
순집기를 하면 솔잎에서
새순이 나온다

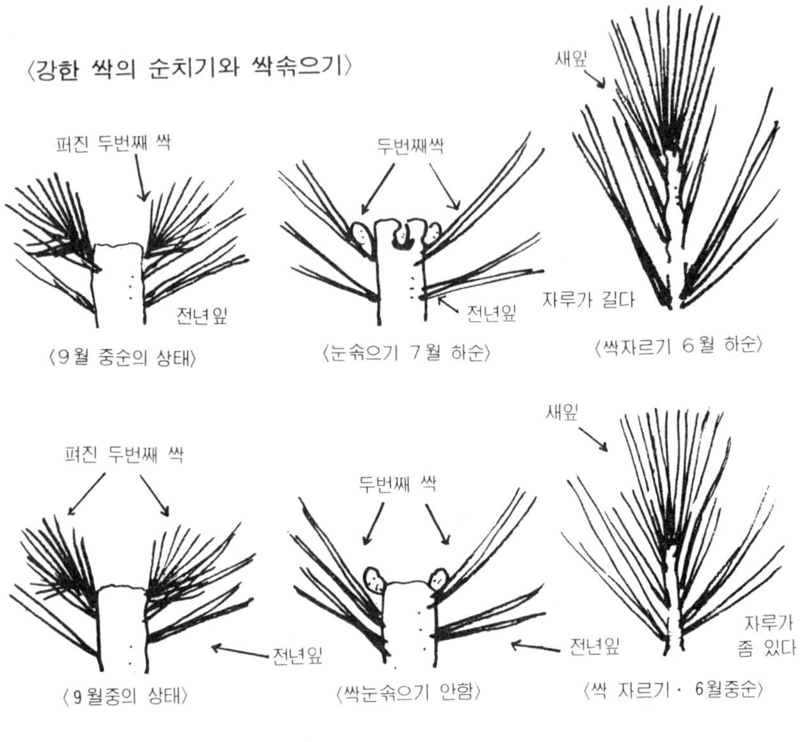

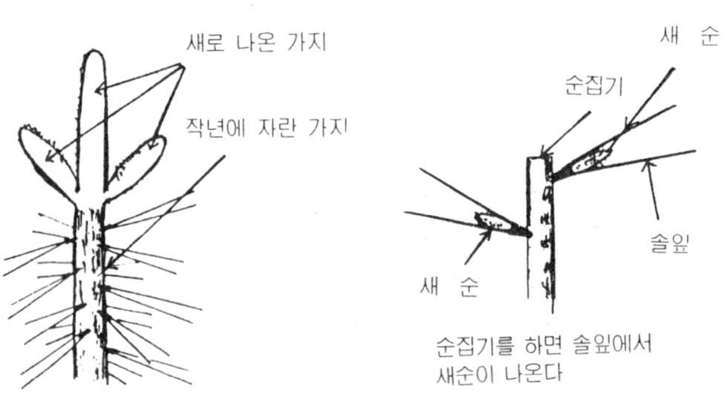

〈흑송의 순집는 법〉

순자르는 시기는 4월에서 7월 사이에 실시하나 잎의 길이는 순자르는 시기에 비례한다는 사실을 명심하여야 한다. 너무 늦게 순을 자르면 두 번째 순의 잎이 나오기 전에 성장이 멈춰지는 비운을 맞게 되므로 각자의 경험을 쌓고 그 지방의 환경 조건을 감안하여 자르는 시기를 분재인 스스로 파악하여 잎의 길이를 조절해야 한다.

수형

흑송은 돌산의 풍경을 운치있게 꾸며 주는 주역 구실을 한다. 산간의 뛰어난 경치를 찾아가면 운치있게 멋을 부린 해송의 의연한 자태를 발견하게 되고 자연의 위대함에 탄복하지 않을 수 없다. 그러한 자연 속의 운치있는 나무의 생김새를 모델로 하여 수형을 잡아가는 것이야말로 바람직스러운 것이다.

병충해 방제

봄 가을에 석회 유황 합제 보르도액으로 병충해를 예방할 수 있으나 깍지벌레, 흰가루병, 진딧물, 솜벌레 등의 해충이 발생하는 경우가 있다. 그럴땐 그때그때 필요한 약품으로 구제할 수 있다(병충해표 참조).

월동 대책

흑송은 추위에 강한 수종이므로 자연 그대로 관리해도 무방하나 분의 파손 우려가 있으므로 비닐하우스나 프레임에 넣어 강풍을 막아줌으로써 부담없이 월동시킬 수 있다.

〈겨울철 배양장소〉

보호실이 없을 때는 땅을 파고 심어진 그대로 분 부분만 땅속에 묻는다

(3) 노간주 나무(두송)

두송은 형태에 따라 여러가지 수형을 구상할 수 있으며 오래 묵은 수목의 흰뼈〔백골〕가 자연적으로 만들어져 있으므로 인공적으로 만드는 것보다 더욱 자연스럽고 나무의 질이 단단하여 썩어 들어가는 염려가 없는 우수

성을 갖고 있는 수종이다.

수형

소재의 형태에 따라 여러가지 수형을 만들 수 있으나 곡간, 사간, 문인목, 현애, 기식 등으로 대중화 되어 있다.

산채

두송의 소재를 산채하고자 할 때 무엇보다 중요한 것은 시기를 잘 선택하여야 한다. 온도가 23~24℃가 유지되는 계절 즉 나무의 새싹이 2mm~3mm 정도 나올 때가 최적기라 할 수 있다.

산채한 소재는 반드시 뿌리를 다치지 않도록 산흙을 깨끗이 빨아내어 뿌리에 수분의 양이 균일하도록 심은 다음 건조를 방지하고 온도를 높여 주는 비닐하우스나 프레임에서 2주 정도 관리하다가 일반 분재에 내어 놓고, 일반 분재와 같이 관리함으로써 실패없이 성공시킬 수 있다.

산채시 주의점

① 긴 뿌리는 적당히 잘라내고 잔뿌리를 보호하여 캐 올린다.
② 산흙을 깨끗이 제거한다.
③ 뿌리의 절단과 가지 절단의 균형을 맞추어 수분의 증발을 조절해 준다.
④ 2~3주, 반 그늘에서 관리한다.
⑤ 본토는 반드시 산성 토양을 사용한다.
⑥ 물의 양은 잡목의 1/2 정도만 유지해 주고 건조를 방지해 준다.

분토

황 왕사 3~4mm 정도의 크기나 강모래는 3mm 이하의 흙을 쳐낸 후 사용한다.

분갈이

분갈이 시기는 대체로 5월 중순 경이 적기이다. 분갈이 할 때 꼭 지켜야 할 것은 뿌리에 붙어 있는 흙을 깨끗이 물에 빨아낸 후 썩은 뿌리는 예리한 칼로 잘라내고 알코올로 소독한 다음 깨끗한 분토에 심어야 실패없이 성공시킬 수 있다.

병충해 방제

월동기에 접어 들어 석회 유황 합제를 1회 살포해 줌으로써 병충해 예방을 할 수 있으나 이것으로 예방이 잘 안되는 수종이나 간혹 예기치 않은 병충해가 발생하는 경우가 있을 때는 다음과 같은 약제로 구제할 수 있다(병충해 방제약 참조).

(4) 진백 (향나무류)

산악이나 섬에서 야생하는 소재로서 거칠고 험한 환경 속에서 수백 년의 긴 세월 동안 강인한 인내로 살아온 나무이다.

시원스럽게 꿈틀대는 줄기와 앙상한 백골의 운치가 나무 전체에 풍기고 박진감이 넘치며 인공을 초월한 자연의 신비함을 볼 수 있는 나무이다.

소재 증식

① 취목·삽목으로 번식이 용이하다.

② **산채** : 전국 산야에 분포되어 자생하고 있으므로 산 채취로서좋은 소재를 얻을 수 있다.

수형

삽목으로 번식하는 것은 직간, 사간, 곡간 등을 구상하기 쉽다. 취목이나 산채한 소재는 곡간, 사간 등 모양목이 어울리는 수형이라 하겠다.

분토와 분갈이

분토는 황마사 2%, 부엽토 2%(깻묵)를 혼합하여 사용하면 용토로서는 적당하다.

분갈이 시기

상태에 따라 차이는 있으나 대개 3~5년 사이에 실시하는 것이 좋고 시기는 연중 어느 때나 할 수 있으나 관리하기 편리한 시기는 2~3월 경이다.

수형잡기

특별한 시기는 별 문제가 되지 않으나 생장기에는 표피가 벗겨지는 경우가 있으므로 표피가 상하지 않도록 주의만 한다면 어느 때나 수형 잡기를 할 수 있는 것이 진백의 장점이라 할 수 있다.

순자르기

생장기에 실시하는 것으로써 가위를 사용해서는 절대 안된다는 것을 명심해야 한다. 반드시 손으로 생장한 끝부분을 따주어 도장지가 나오지 않도록 연중 손질을 하다보면 수형이 아름답게 잡혀진다.

사리만들기

진백의 우수함은 용트림하는 곡선미가 신비스럽게 느껴질만큼 환상적인 수종으로 분재인의 마음을 끌어들이는 매력적인 수종이다.

풍화에 시달린 줄기의 껍질이 벗겨져서 흰뼈와 같이 단단한 목질부의 강인한 형상으로 노목의 자태를 충분히 살릴 수 있는 것이 진백 분재의 참다운 매력이라 할 수 있다.

이러한 백골을 오래도록 보존하기 위하여는 백골부위를 사포로 문질러 깨끗하게 한 다음 송지를 알코올에 적셔 발라 주고 건조시킨 후 석회유황합제를 2~3회 발라 두면 절대로 부패되지 않는다.

병충해 방제

월동기에 들어갈 때 석회유황 합제를 1회 살포하고 월동이 끝난 봄에 1회 살포하면 병충해는 걱정할 필요가 없는 수종이나 간혹 응애, 개각충 등의 병충해가 발생되는 경우가 있으므로 그때 그때 적당한 약제로 구제할 수 있다(약제편 참조).

비배 관리

진백은 생장이 빠른 수종으로 조건만 갖춘다면 1년에 50cm 이상 자라는 왕성한 생장을 하기 때문에 분재로 기를 때는 생장을 억제하지 않으면 안된다. 때문에 시비는 엽색을 보아 시비를 하면서 물의 양을 조절하여 생장을 최대한 억제하는 것이 승패의 열쇠라 할 수 있다.

(5) 주목

높은 산 숲속 중턱에서 자생하는 상록 교목으로서 희귀한 수종으로 소백산에 군락단지를 이루며 삽목이나 실생, 취목으로 소재를 얻을 수 있다.

소재 증식

삽목, 실생, 취목 등으로 번식이 아주 잘 된다.

배양 관리

주목은 음수이기 때문에 하루에 4시간 이상 태양을 받으면 생장이 불량해지므로 반그늘에서 관리하는 것이 바람직스러우며, 습기를 좋아하는 수종으로서 물을 충분히 주면서 비배관리를 한다면 빠른 기간내에 좋은 작품을 만들 수 있는 수종이다.

수형

주목의 종류에 따라 여러가지 형을 구상할 수 있겠으나 삽목이나 실생의 소재는 대개 직간, 곡간, 현애 등으로 만들기가 용이하다.

산채소재인 경우는 모양목으로 구상하는 것이 바람직스럽다. 주목은 표피의 색깔을 보아 수세의 건강 상태를 진단할 수 있다. 표피가 붉은 빛을 띠고 있으면 건강함을 나타낸다. 주목의 흰뼈는 오랜 세월의 풍파를 겪어낸 강인함을 표현함으로 백골은 소중히 관리하는 것이 바람

직스럽다. 주목도 다른 나무에 비하여 수명이 길어 영구히 몇대를 이
어져 내려가 품격을 더해가는 매력을 지닌 나무이다.

병충해 방제

병충해는 거의 없는 것으로 알려져 있으나 삽목이나 실생으로 기를
때는 입고병이 많이 발생하므로 병충해편을 참조하여 적절한 구제를
하는 것이 바람직스럽다.

(6) 오엽송

오엽송은 우리나라 산야에서는 찾아볼 수 없으며 일본에서 수입되어
지배되고 있는 수종으로 우리나라에는 실생접목으로 번식되고 있는 실
정이다.

가끔 삽목으로 번식이 가능하지만 기술적으로 어려운 일이므로 손쉬
운 방법으로 흑송에 오엽송을 접목하여 대부분 시판되고 있다.

수형

오엽송은 직간이나 곡간으로 기르기가 쉬우며 잎의 길이가 짧아 분재로서 수형 잡기가 쉽고 관리가 흑송과 같으므로 분재인이 즐겨 기르는 수종이다.

〈묵은잎 자르기〉

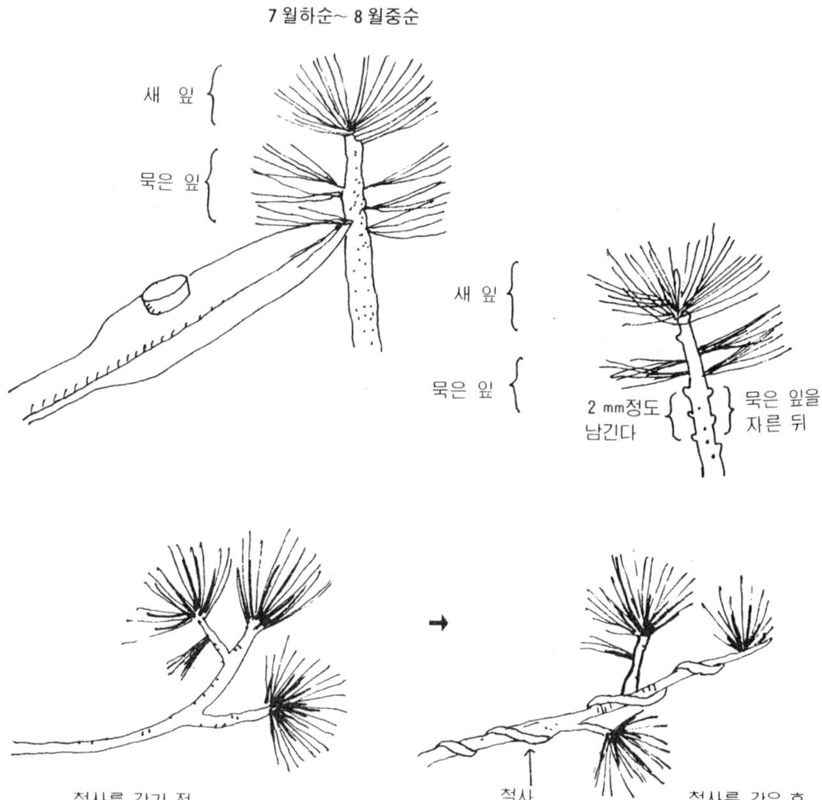

(7) 팔방 삼나무

여러 수종이 있으나 우리나라 산야에서는 찾아보기 힘든 나무로서 제주에서 육묘되어 남해안 지방에 조림용으로 기르고 있으나 분재로서는 적합치 않다. 현재 일본에서 수입한 애기 팔방삼나무를 분재인이 기르고 있는 실정이다. 애기 팔방삼나무는 상록침엽수로서 삽목 취목이 용이하여 삽목번식을 많이 하고 있으며 수형이 직간형으로 자라 전지를 하지 않더라도 자연 수형을 감상할 수 있는 것이기 때문에 초보자에게 권하고 싶은 수종이다.

분토와 분갈이

분토는 직경이 2~3mm 정도의 모래에 흑토 2%, 부엽토(깻묵) 2% 정도를 배합하여 사용한다. 분갈이는 2~3년에 실시하는데 나무의 수세에 따라 연장, 단축할 수 있다.

수형

직간성 나무이므로 자연수형으로 감상가치가 있으나 가지의 배열이 너무 조밀할 경우는 가지를 솎아내어 균형을 이룰 수 있는 수종이다.

병충해 방제

병충해에 아주 강한 수종으로 일반 분재와 같이 약제를 살포함으로써 손쉽게 관리할 수 있으나 간혹 녹병이 발생하는 경우가 있으며 가위로 전정할 때는 반드시 가위를 소독하여 사용하는 것이 좋다.

(8) 블루버드

우리나라 산야에서는 찾아볼 수 없는 수종으로서 외국에서 수입된 수

종이다. 상록수로서 생육이 빠르고 병충해에 강하며 가지 배열이 조밀
하여 직간으로 수형잡기가 분재로서는 아주 적합한 수종이다.

분토와 분갈이

분토는 직경 2-3mm 모래에 흑토 2%, 부엽토 2% 정도를 섞어 만들
어 사용한다. 물빠짐이 양호해 심은 다음 충분한 물만 공급해 주면 무
난하게 잘 자라는 수종이다.

소재 증식

삽목이나 취목으로서 번식이 잘 되며 생장력도 빠른편이다.

수형

직간, 곡간으로 잡기가 수월한 품종이다. 철사걸이는 휴면기에 하는
것이 좋다.

관리

일반 흑송 분재와 같이 관리하면 된다. 물을 좋아하나 건조에도 아
주 강한 수종이므로 초보자가 기르기는 아주 좋은 수종이다.

병충해

병충해에 아주 강하나 가지 배열이 조밀하면 통풍이 나빠지는 경우
가 있으므로 가지를 솎아내어 통풍만 좋게 한다면 별 문제없이 기를 수
가 있다.

월동 대책

추운 지방인 경우 (-10℃이하)는 간단한 비닐하우스나 프레임으로
월동시킬 수 있다. 겨울철인 경우는 반 음지의 관리식물로서 짙은 녹
색의 아름다움은 블루버드 이외에서 찾아보기 힘들다.

(9) 라인골드

상록수로서 우리나라 산야에서는 자생하지 않는 수종이다. 햇빛을 받
으면 연노란 색깔로 변하는데 그 아름다움은 여성들이 좋아하는 특유
한 매력을 지니고 있는 수종이다.

소재 증식

삽목으로나 취목으로도 번식이 잘 된다.

수형

이른 봄의 연노란 색깔은 어떤 나무에서도 볼 수 없는 특유한 색의 나무로 수형은 직간, 곡간으로 부채꼴 모양을 만들기가 쉬우며 수형을 잡아주지 않더라도 자연적인 습성으로 분재에 적합한 수형을 만들면서 자라 초심자들이 즐겨 기르는 수종이다.

분토와 분갈이

뿌리 뻗음이 아주 좋아 분토에 많은 신경을 쓸 필요가 없다. 분토는 배수가 잘 되는 분토이어야 좋으며 생장이 빨라 1~2년에 분갈이를 하여야 수세가 왕성하다.

수분과 비료를 좋아하므로 충분한 물과 비료만 준다면 삽목하여 2~3년만에 소품으로서 손색이 없는 분재를 감상할 수 있는 것이 이 분재의 특성이라 하겠다.

병충해 방제

병충해에 강한 수종으로서 일반분재와 같이 관리하면 되나 간혹 녹병이 발생되는 경우가 있다. 이럴 경우에는 병충해편을 참조하여 약제를 살포함으로써 구제하여야 한다.

월동 대책

추운지방인 경우(−10℃이하) 간단한 하우스나 프레임으로 월동시킬 수 있는 수종이다.

(10) 홍자단

홍자단은 소엽으로 가지가 포복성이며 줄기가 굵어지는데 오랜시간이 걸리나 소품, 중품 분재는 간단히 만들 수 있는 수종이다. 홍자단은 빨간열매가 낙엽이 진 후에도 계속 남아 있어 나무 감상에 한층 더 돋보이는 분재이다.

소재 증식

실생, 삽목, 취목으로 번식이 아주 잘 되는 편이다. 실생으로 번식을 한 것은 열매를 맺는 기간이 길고 또 열매를 맺었을 때 퇴화되어 열매 색깔의 변화가 다양하다. 대부분 삽목, 취목으로 번식을 많이 하고

〈홍자단 석부〉

있다.

수형

홍자단의 습성을 이용하여 곡간, 현애로 수형을 잡기가 용이하다.

분토와 분갈이 시기

물과 비료를 좋아하는 수종이므로 직경 2~3mm 정도의 크기 모래에 흑토 3%, 부엽토 4%, 골분 5% 정도를 섞어 분토를 만들어 사용하는 것이 좋다. 분갈이는 수세가 왕성한 수종이므로 1~2년에 한번은 분갈이를 하여 주는 것이 바람직하다.

비배 관리

양수이므로 햇빛을 좋아하고 물을 좋아하면서도 건조에 강한 수종이므로 일반 감목분재와 같이 관리해도 무방하나 너무 과잉관리하여 물을 지나치게 많이 주고 시비를 과용하면 분목이 도장하여 수형이 흐트러지기 쉬우므로 물과 시비로서 잘 조절해 주어야 열매를 감상할 수 있음을 명심해야 한다.

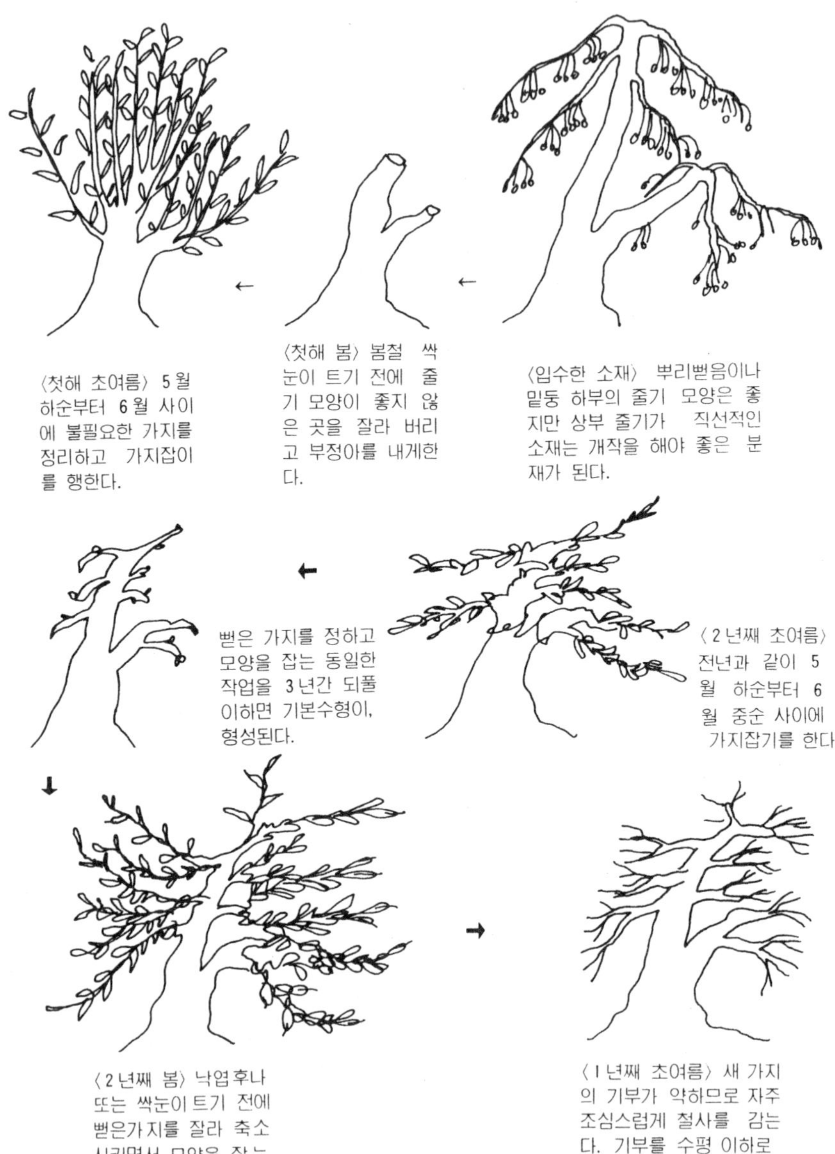

〈첫해 초여름〉 5월 하순부터 6월 사이에 불필요한 가지를 정리하고 가지잡이를 행한다.

〈첫해 봄〉 봄철 싹눈이 트기 전에 줄기 모양이 좋지 않은 곳을 잘라 버리고 부정아를 내게한다.

〈입수한 소재〉 뿌리뻗음이나 밑둥 하부의 줄기 모양은 좋지만 상부 줄기가 직선적인 소재는 개작을 해야 좋은 분재가 된다.

뻗은 가지를 정하고 모양을 잡는 동일한 작업을 3년간 되풀이하면 기본수형이, 형성된다.

〈2년째 초여름〉 전년과 같이 5월 하순부터 6월 중순 사이에 가지잡기를 한다

〈2년째 봄〉 낙엽후나 또는 싹눈이 트기 전에 뻗은가지를 잘라 축소시키면서 모양을 잡는다.

〈소재에서의 작수〉

〈1년째 초여름〉 새 가지의 기부가 약하므로 자주 조심스럽게 철사를 감는다. 기부를 수평 이하로 잡지 말것.

〈분갈이〉

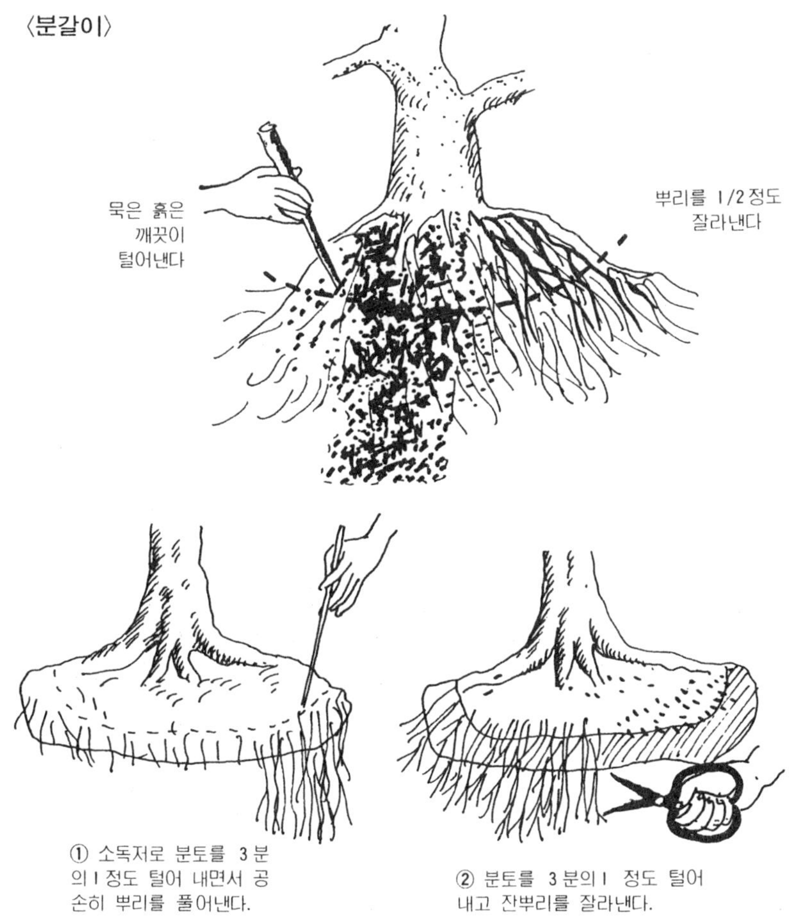

병충해 방제

병충해에 강한 수종이나 흰가루병, 진딧물 등이 발생할 수 있으므로 약제로 간단히 구제할 수 있다(약제편 참조).

월동 대책

남부지방에서는 노천에서도 거뜬히 월동이 가능하나 중부이북지방에서는 간단한 프레임이나 비닐하우스에서 월동시켜야 한다. 또 습도조

〈순치기〉

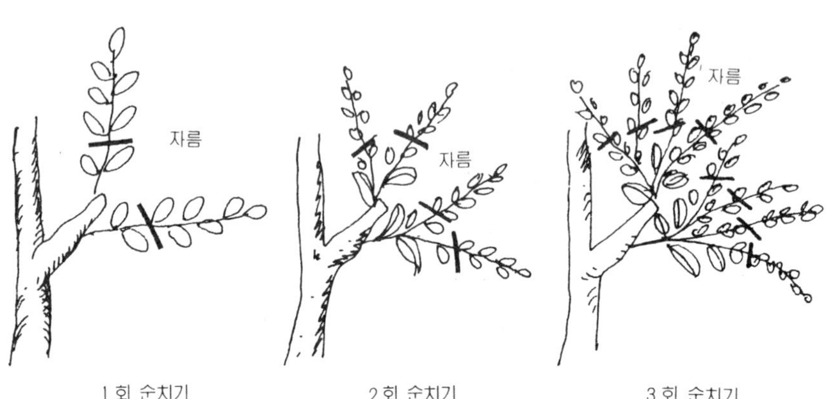

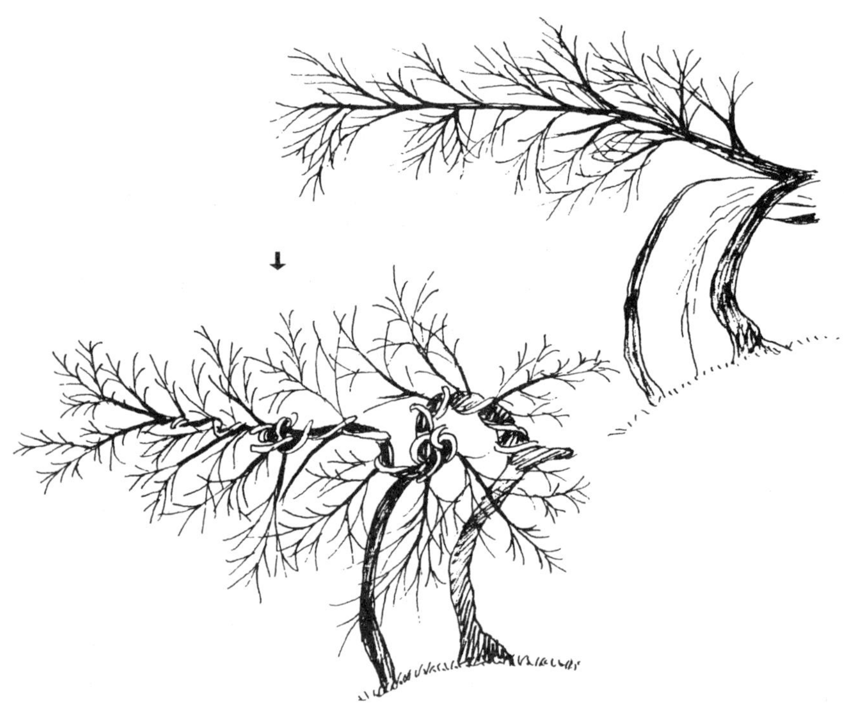

절이 꼭 필요하므로 엽수를 자주하고 분토가 마르지 않도록 각별한 주
의가 필요하다.

(11) Pircantha

열매의 종류를 크게 두종류로 나눌 수 있는데 한국에서는 빨강, 노
랑 두 종류가 재배되고 있다. 빨강색의 열매는 월동이 어려우나 노랑
색의 열매는 남부지방의 노천에서도 월동이 되므로 월동하기가 쉬운 편
이다.

소재 증식

실생으로 번식을 한 것은 열매를 맺는 기간이 길고 퇴화되어 열매의
색깔이 좋지 않음으로 삽목이나 취목으로 증식함으로써 열매를 일찍 볼
수 있고 순수한 종자를 보존할 수 있다.

수형

직각으로도 수형을 고정할 수 있으나 나무의 습성 때문에 곡간 현애
로 만들기가 수월한 편이다.

분토와 분갈이

물을 좋아하는 수종으로 2~3mm 정도의 모래에 흑토 4~5%, 부엽토 3~4%, 골분 3%를 혼합하여 분토로 사용하는 것이 적당하다.

분갈이는 뿌리의 생육이 왕성하므로 매년 실시하는 것이 바람직하며 뿌리의 절단도 다른 접목에 비하여 짧게 잘라줌으로써 열매를 튼튼하게 만들 수 있다.

시비

열매 분재이므로 골분, 어분을 많이 주어야함을 명심해 두고 간혹 도장지가 나올 때는 즉시 잘라 주어 분재 전체의 균형을 맞추어 주어야 한다.

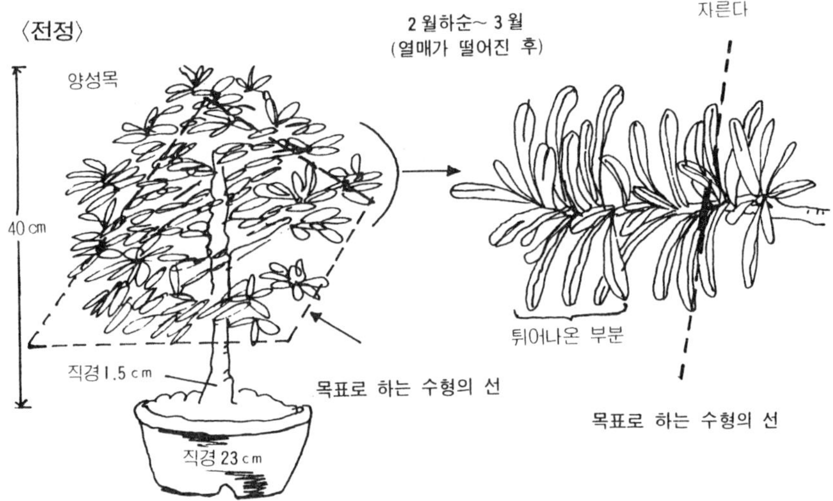

1년에 10cm나 자란다. 요구되는 수형의 바깥쪽이 그리는 선에서 튀어나온 부분을 잘라낸다.

세로로 들어 있는 점선이 요구되는 수형의 바깥쪽이 그리는 선이다. 이 선 밖으로 나온 부분을 모두 자른다. 6월에 흰 꽃이 피고 가을부터 열매를 감상할 수 있다.

철사걸이

노목을 교정할 때는 반드시 휴면기에 하여야 표피를 보호할 수 있으며 가지는 수시로 철사를 걸어 교정해도 무방하다.

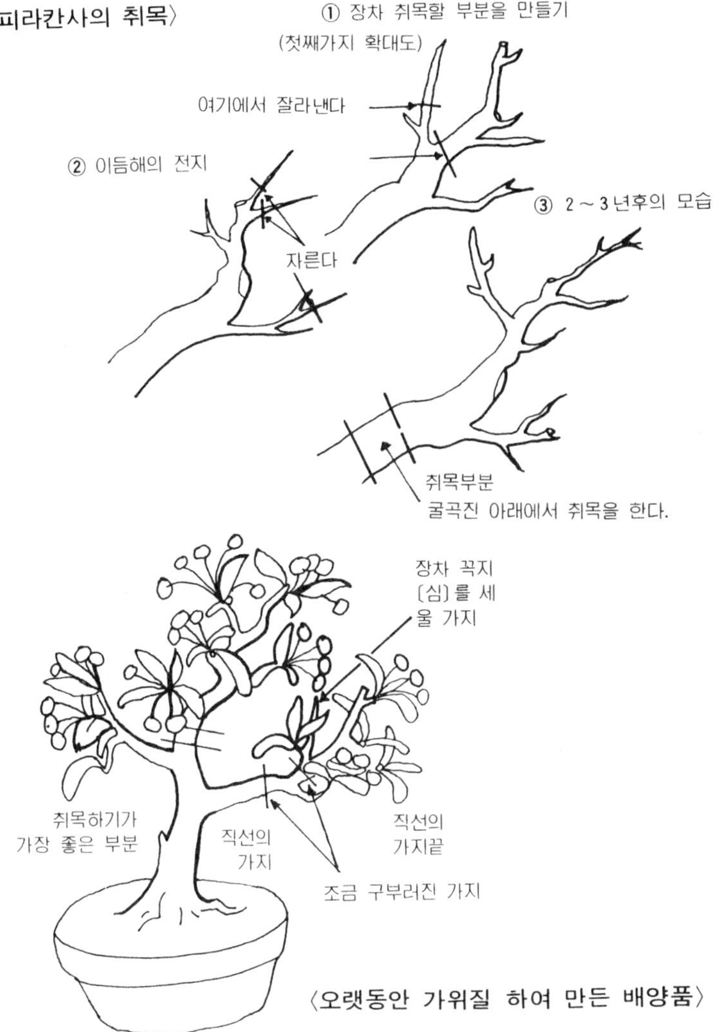

〈오랫동안 가위질 하여 만든 배양품〉

월동 대책

노란 열매를 맺는 종류는 일반 분재와 같이 관리해도 무방하나 빨간
열매를 맺는 종류는 추위에 약하므로 관리에 신경써야 한다.

(12) 돌감 나무

Silvesfris라는 학명을 가진 유실수로 남해안 산간지대에 자생하는 나무로서 여러 종류의 돌감나무가 있으나 여기서는 분재로서 적합한 산시(山柿)를 소개하고자 한다.

돌감의 열매는 그 색깔이 뛰어나고 낙엽진후 나목의 열매가 운치를 더해가는 매력의 분재로서 분재인의 사랑을 받고 있다.

소재 증식

접목, 실생, 산채 등 방법이 있으나 접목, 실생은 오랜 시간이 걸리므로 산채목을 다듬어 분재로 완성시키는 방법을 대개 취하고 있다.

수형

직간, 사간 등 여러가지 수형을 구사하고 있으나 여기서는 산채목을 취급하기로 한다.

심는 방법

소재가 선택되어 분에 심고자 할 때는 배수가 잘 되도록 분구멍을 막아 3~4mm 직경의 모래를 깔고 3~4mm의 모래에 황토 10% 정도를 섞어 분토를 만든다.

소재의 굵은 뿌리는 짧게 잘라 뿌리 정리를 한 다음 잔뿌리를 소중

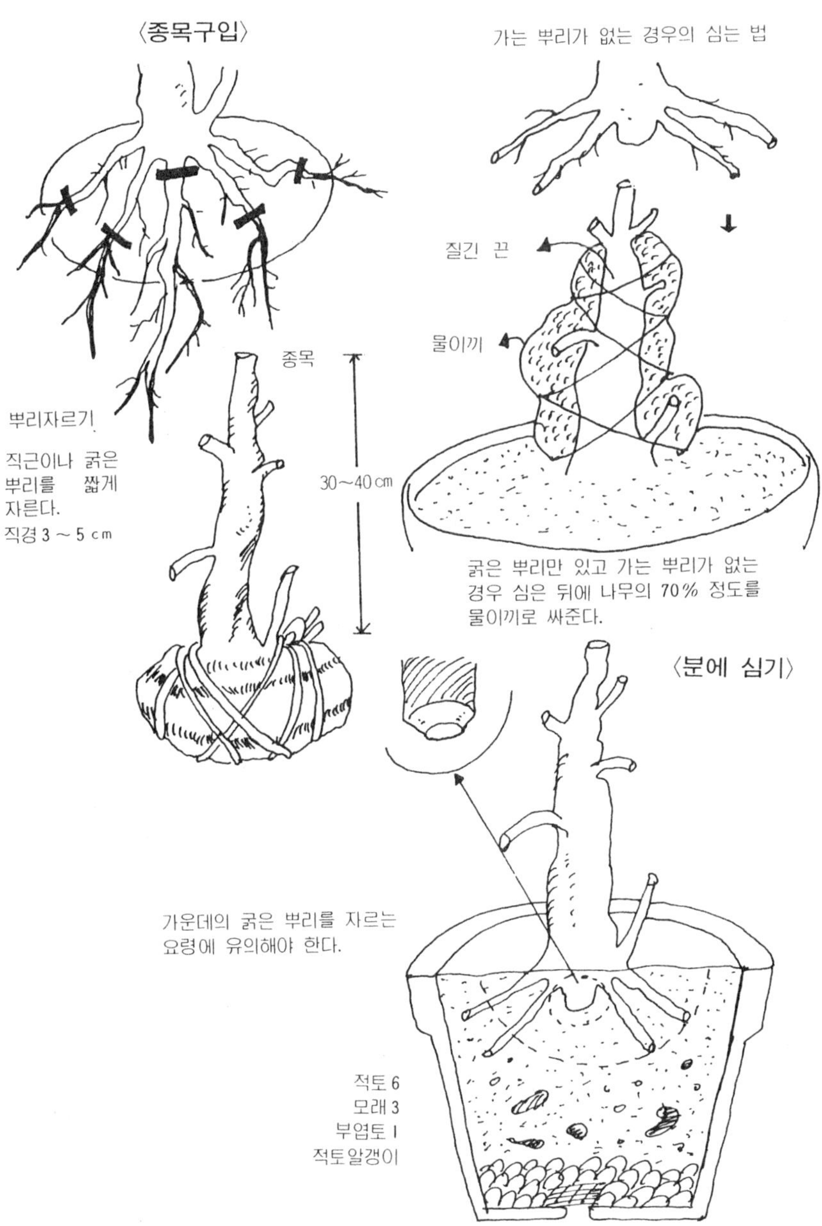

〈종목구입〉
가는 뿌리가 없는 경우의 심는 법
종목
질긴 끈
물이끼
뿌리자르기
직근이나 굵은
뿌리를　짧게
자른다.
직경 3 ~ 5 cm
30~40 cm
굵은 뿌리만 있고 가는 뿌리가 없는
경우 심은 뒤에 나무의 70％ 정도를
물이끼로 싸준다.
〈분에 심기〉
가운데의 굵은 뿌리를 자르는
요령에 유의해야 한다.
적토 6
모래 3
부엽토 I
적토알갱이

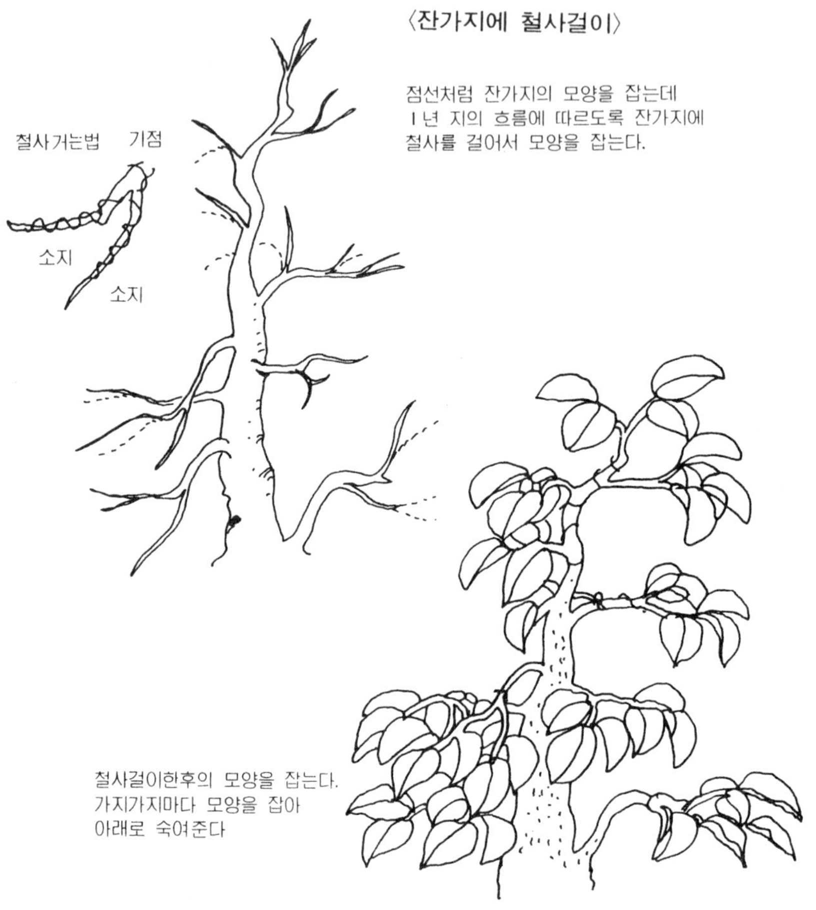

히 조심스럽게 심는다. 심은후 소재의 윗부분은 이끼나 캐시미론 솜으로 전체를 싼후 물을 주어 소재목에 수분공급을 충분히 해 준다. 건조를 방지하기 위하여 비닐하우스에 넣고 온도를 23~27℃ 유지해 줌으로써 2~3주 관리하면 움이 트고 발근이 되는데 이때 너무 성급히 환경을 바꾸지 말고 서서히 분재대로 내놓고 관리한다면 실패없이 성공시킬 수 있다.

관리

분재대에 일반분재와 같이 관리하면서 잎이 4~6잎 돋아날 때 조심스럽게 가지의 수형을 잡아가면서 전지를 하여 가지를 만들어 가면 훌륭한 분재를 만들 수 있다.

관수, 시비, 소독

유실수이기 때문에 관수는 표토가 마르지 않을 정도로 주고 잎의 상태를 보아가면서 시비를 하여야 하는데 특히 주의해야 할 것은 질소비료를 과용해서는 아니되고 인산질이나 카리질을 충분히 주도록 해야 한다. 돌감나무는 병충해에 강하지만 가끔 흰가루병, 각지벌레, 개각충 등 예기치 않은 피해를 당할 염려가 있으므로 예방에 힘써야 한다.

월동 대책

돌감은 추위에 강하다고 하지만 분재로 배양한 것은 동해에 약하므로 가지의 고사를 염두에 두고 건조와 한파에 각별한 주의가 요망된다. 특히 가지가 잘 부러지므로 관리에 세심한 배려가 필요하다.

(13) 화살나무

화살나무는 한국의 모든 산야에 자생하고 있는 낙엽 활엽 관목으로서 줄기와 가지에 코르크질의 날개가 있으며 수성이 강건하여 야취가 풍부한 홍엽단풍의 아름다움은 표현할 수가 없다. 가지에 붙어 있는 날개야말로 겨울나무의 운치라 할 수 있다.

엽성은 소엽인 것이 있고 대엽의 것도 있으나 분재로서는 소엽인 것이 더욱 좋다.

소재 증식

실생, 삽목, 취목, 산채 등으로 할 수 있으나 여기서는 산채소재를 소개하고자 한다.

취목 및 산채시기

산채의 시기는 연중 어느 때나 가능하나 굳이 적기라 한다면 3~4월, 7~8월이 가장 좋은 때이다. 취목의 시기는 6월이 적기이다.

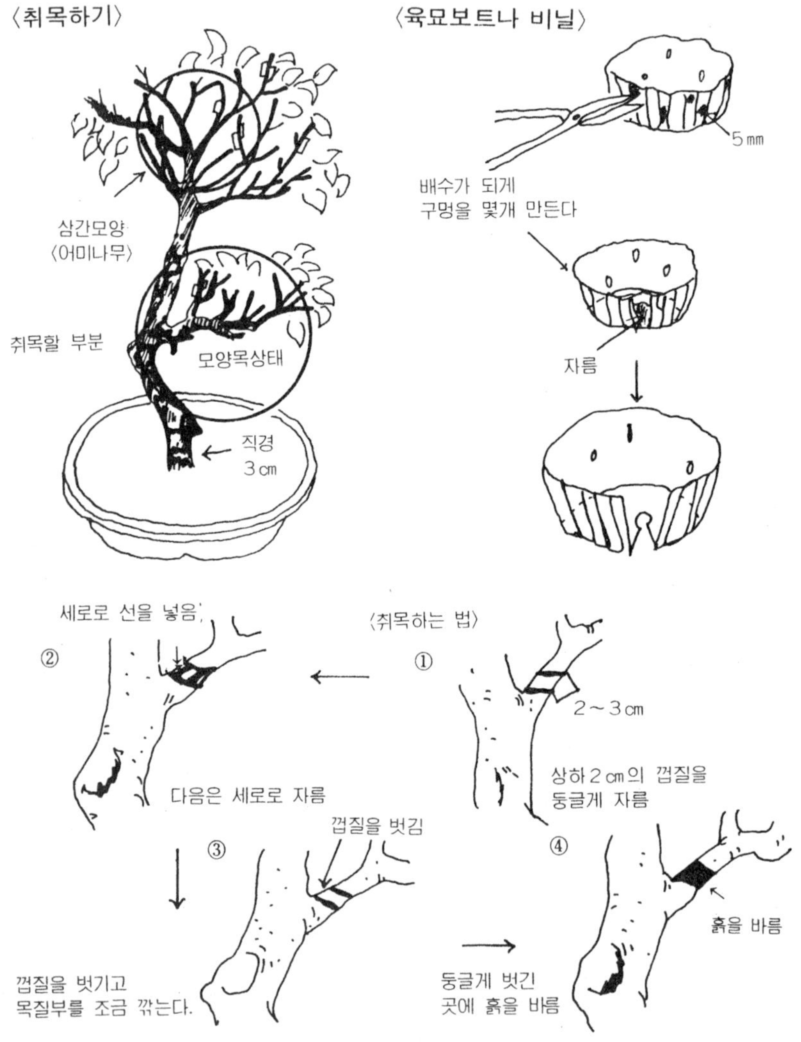

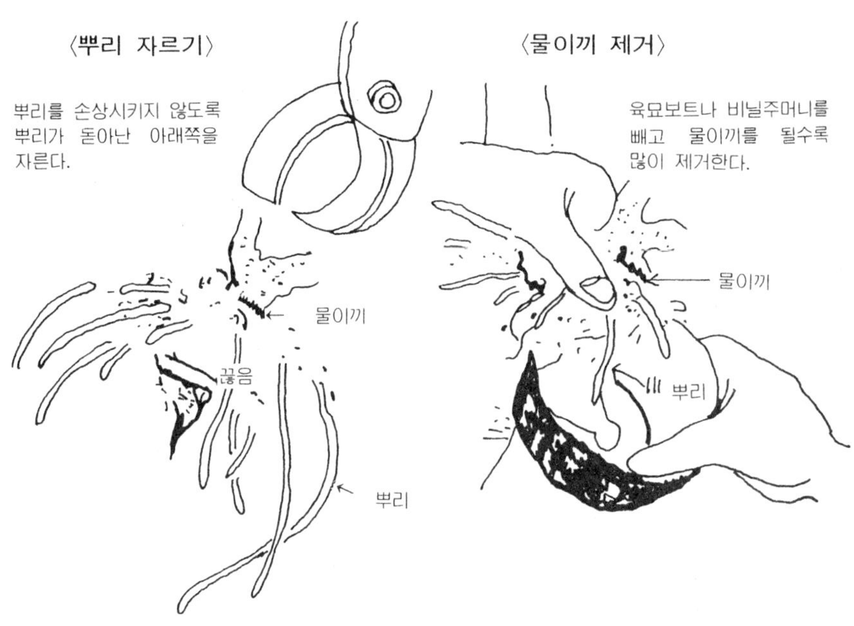

〈뿌리 자르기〉
뿌리를 손상시키지 않도록
뿌리가 돋아난 아래쪽을
자른다.
물이끼
끊음
뿌리
〈물이끼 제거〉
육묘보트나 비닐주머니를
빼고 물이끼를 될수록
많이 제거한다.
물이끼
뿌리
〈물이끼 덮는법〉
축축한 물이끼를
가위로 썰고
3 mm
갈기갈기 찢음
육묘보트나 비닐주머니
물이끼를 붙임
육묘보트나 비
닐로 씌우고
안에 물이끼를
넣는다
물이끼
물에 담가 가
볍게 짜낸 물
이끼를 가위로
2~3 mm 되
게 자르고 풀
어 헤친다.

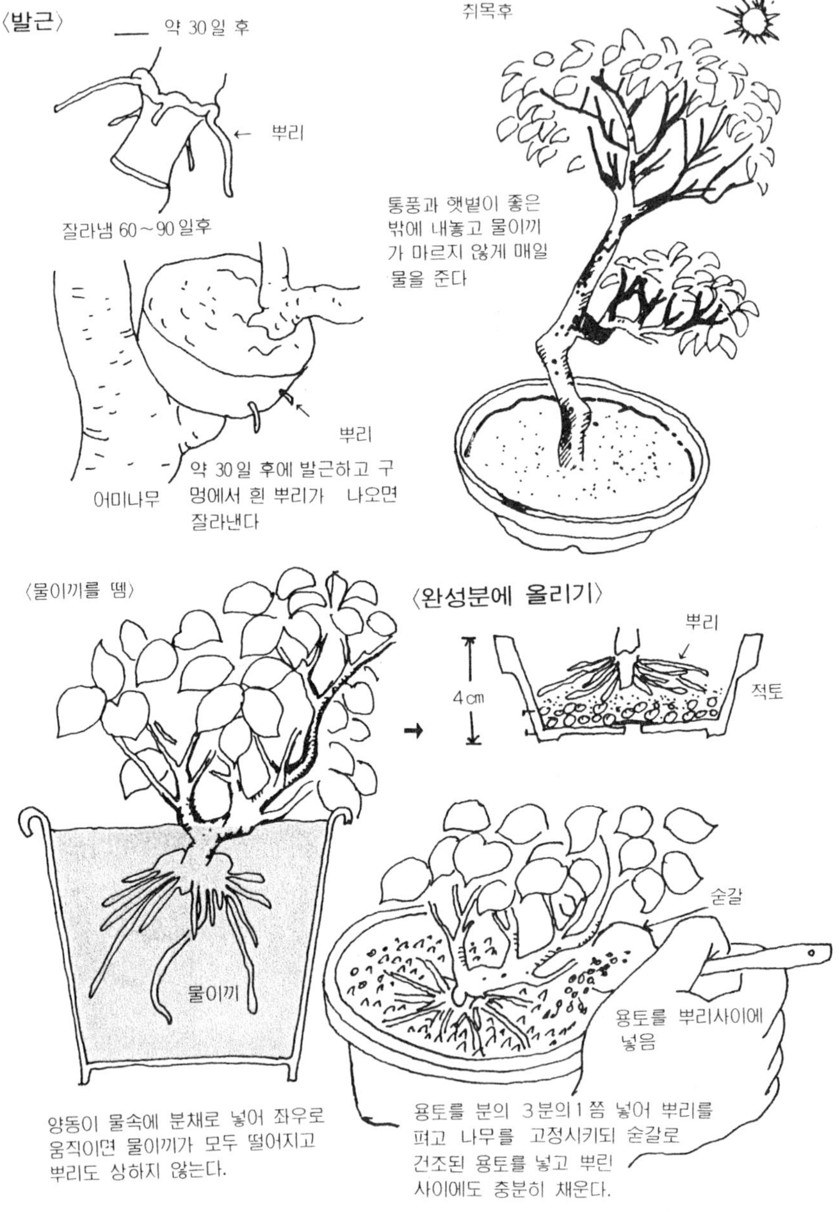

양동이 물속에 분채로 넣어 좌우로
움직이면 물이끼가 모두 떨어지고
뿌리도 상하지 않는다.

용토를 분의 3분의 1쯤 넣어 뿌리를
펴고 나무를 고정시키되 숟갈로
건조된 용토를 넣고 뿌린
사이에도 충분히 채운다.

심는 방법과 분토

산채소재는 소재의 뿌리부분이 건조해지지 않도록 유의해야 한다. 잔뿌리가 많이 붙어 있으면 연약하여 끊어지거나 상처를 입어서 뿌리의 역할을 하지 못하는 경우가 있으므로 주의하여 파올린 다음 굵은 뿌리는 강전지를 하여 잘라내고 잔뿌리를 보호하여 즉시 비닐로 싸 건조를 방지한다.

이렇게 다루어진 소재는 2~3mm 정도의 모래에 깨끗한 황토 10%를 혼합하여 일반 잡목분재와 같이 분에 심어 관수를 충분히 한 다음 비닐하우스나 프레임에 넣고 2~3주 관리한다. 그후 새눈이 돋아 나오게 되면 서서히 일반분재대에서 관리하도록 한다.

관수, 시비, 병충해 방제

물을 좋아하는 수종으로 생장이 빠른 것이 특징이기 때문에 물을 충분히 주고 발근이 되었다고 생각되면 충분한 시비가 필요하다. 화살나무는 충해가 잘 나타나므로 충해에 각별한 관찰이 필요하고 가끔 흰가루병이 생기나 별문제는 되지 않는다(병충해편 참조).

월동 대책

야생채취한 소재는 추위에 강하므로 특별한 관리를 하지 않아도 동해를 입는 경우는 없으나 건조에 약하므로 나목이라 할지라도 엽수를 자주하여 건조해지지 않도록 해야 한다.

(14) 매화 나무

매화나무는 화목으로서 열매는 약용으로 꽃은 관상용으로 우리의 생활속에 오래전부터 인연을 맺어온 나무이다. 매화는 벚나무과에 속하는 매화나무 또는, 매실나무라고도 하며 학명은 Prauus Mume Seibiet zuccolv로서 그 품종이 다양하여 200여 품종이나 된다. 그러나 분재용으로는 야생성 품종이 많이 배양되고 있다.

성질이 강인하고 잔가지가 잘 나며 꽃도 잘 피어 분재용으로 적합하다.

매화의 특성

매화는 건조에 강하고 내한성이 있어 어디서나 배양이 잘 되고 잔뿌리가 잘 돌아나는 양수로서 수명은 50~200년으로 장수하는 수종이다.

소재 증식

매화는 실생, 접목, 삽목, 취목으로 할 수 있으나 분재용은 대부분 접목, 삽목의 소재를 구입하기 쉽다. 그러나 간혹 정원수나 산채로도 노목의 매화 소재를 구할 수 있다.

수형

사간, 반현애, 쌍간, 문인목, 군식 등으로 다듬어진다.

분토

물빠짐이 잘 되고 보수성이 좋은 토양이 좋다. 모래의 지름이 2~3mm 정도에 흑토 5%, 황토 10%, 부엽토 2~3% 정도를 혼합하여 사용하는 것이 좋다.

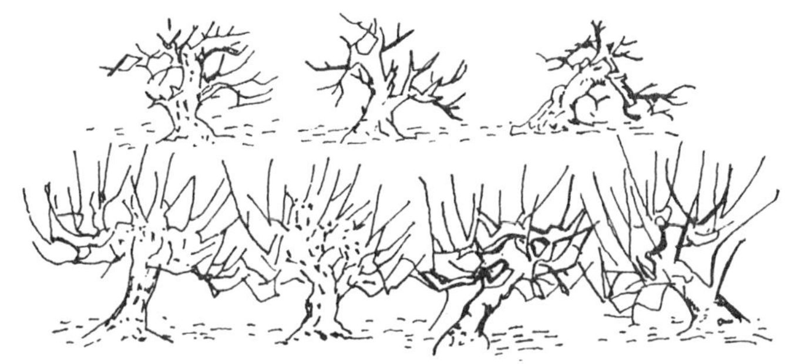

※ 매화는 움트는 힘이 강하여 꽃이진 뒤나 봄에 2~3눈만 남기고 강 전
지를 해야 한다.

〈4년생의 매화 수형과 정지상태〉

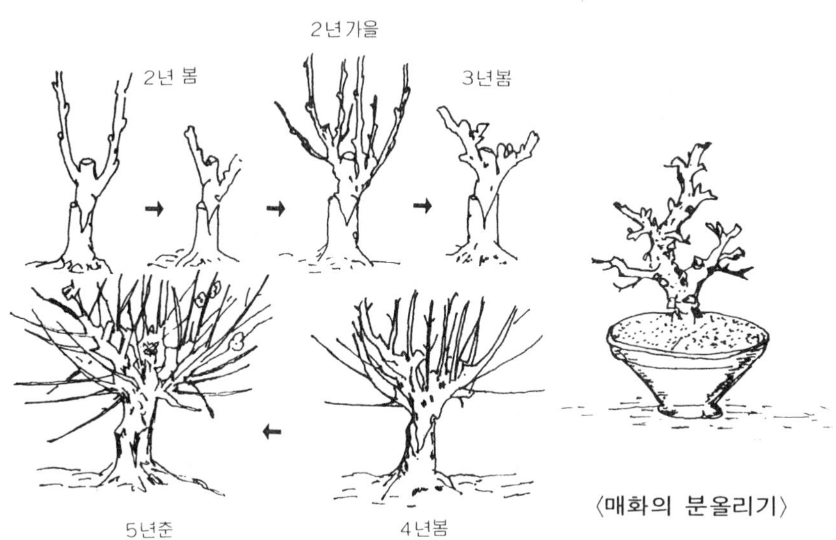

〈매화의 분올리기〉

〈매화의 정지전정〉

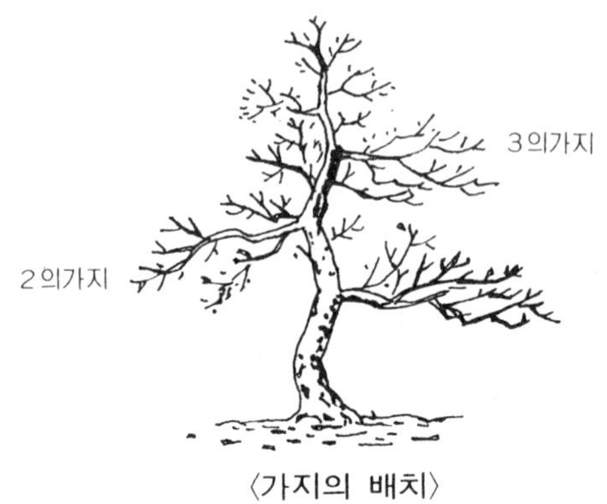

〈가지의 배치〉

심는 시기와 방법

3월~4월 꽃이 지고 눈트기 전이 적기이며 매년 분갈이를 하는 것이 좋으나 노목일 경우는 2~3년에 1회가 적당하다.

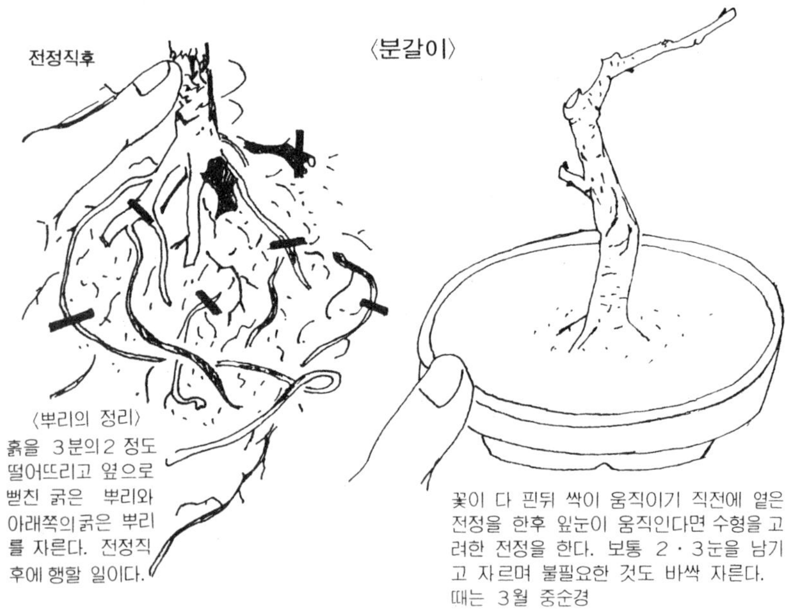

〈뿌리의 정리〉
흙을 3분의2 정도 떨어뜨리고 옆으로 뻗친 굵은 뿌리와 아래쪽의굵은 뿌리를 자른다. 전정직후에 행할 일이다.

꽃이 다 핀뒤 싹이 움직이기 직전에 옅은 전정을 한후 잎눈이 움직인다면 수형을 고려한 전정을 한다. 보통 2·3눈을 남기고 자르며 불필요한 것도 바싹 자른다. 때는 3월 중순경

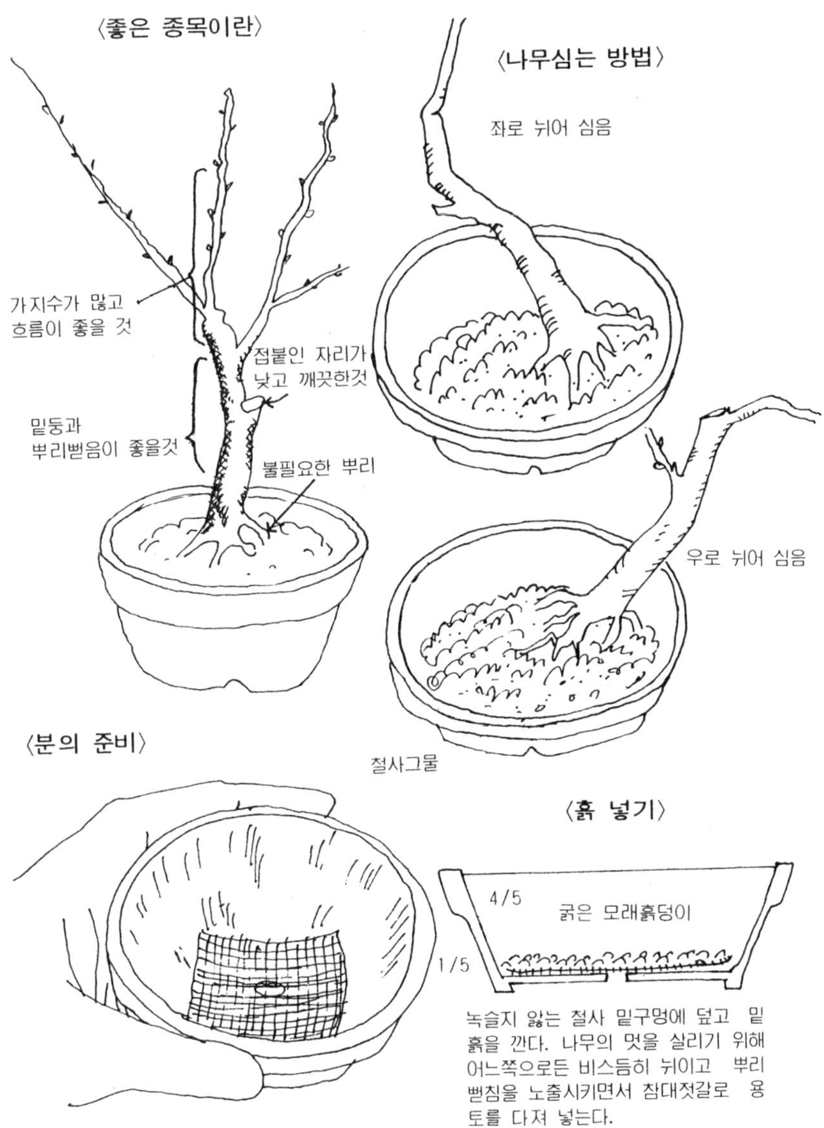

녹슬지 않는 철사 밑구멍에 덮고 밑
흙을 깐다. 나무의 멋을 살리기 위해
어느쪽으로든 비스듬히 뉘이고 뿌리
뻗침을 노출시키면서 참대젓갈로 용
토를 다져 넣는다.

잎의 상태를 보아서 행할 수 있으나 뿌리가 분속에 많이 차게 되면 물빠짐이 나빠 뿌리가 질식하여 부패 염려가 있다.

관리

순치기는 새순이 돋아나면 도장지를 모두 따버리면서 필요한 가지만 남기고 가지가 필요할 때는 순의 잎이 3~4개 나올 때 그 잎만 남기고 전지하여야 2차 잔가지를 낼 수 있다.

그러나 5월 이후는 전지를 하지 않는 것이 좋다. 꽃눈이 분화될 때 전지를 한다면 꽃눈을 따내리는 결과가 되어 다음 해에 꽃을 볼 수 없기 때문이다.

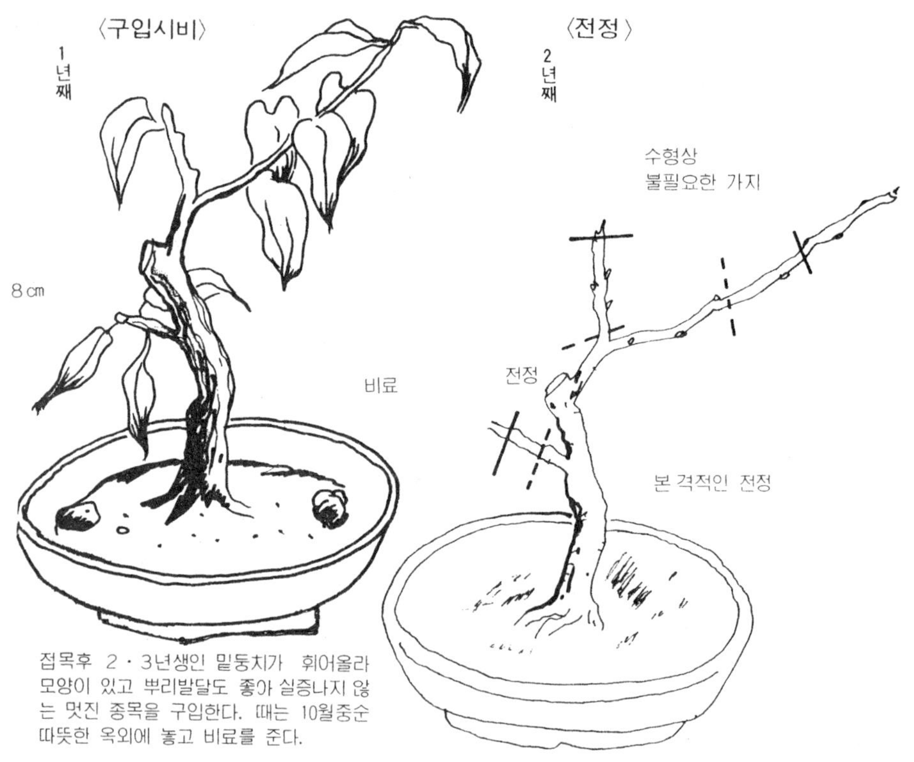

접목후 2·3년생인 밑둥치가 휘어올라 모양이 있고 뿌리발달도 좋아 실증나지 않는 멋진 종목을 구입한다. 때는 10월중순 따뜻한 옥외에 놓고 비료를 준다.

〈이상적인 종목〉

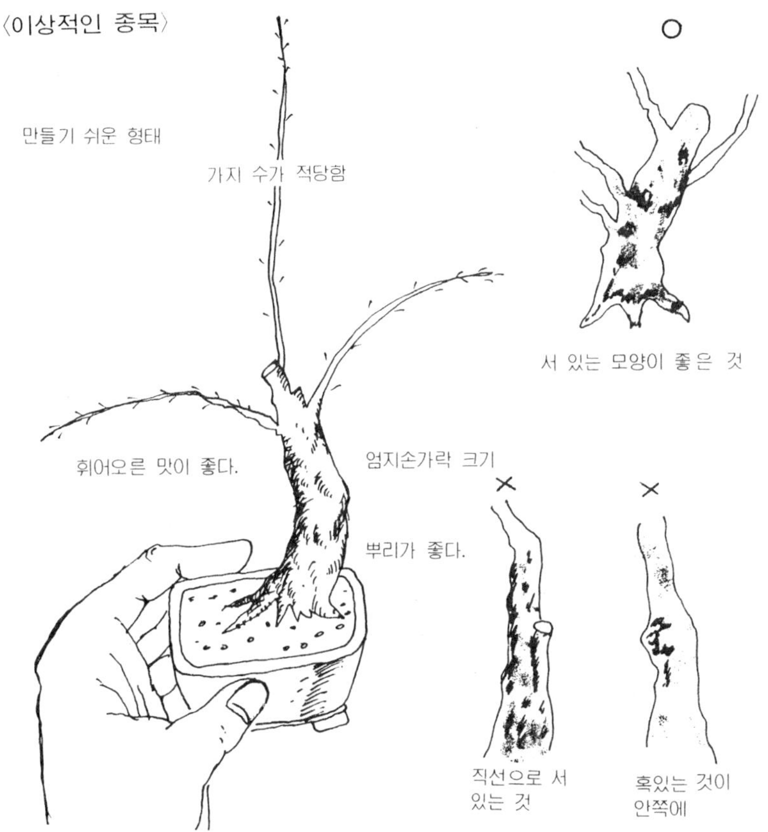

병충해 방제

월동전에 석회유황합제 8 배 액을 살포한 다음 월동에 들어가면 다음해 봄에 특별한 병충해는 없으나 새순이 나올 때 진딧물이 발생되는데 이때는 메타시스톡스 등의 약제로 간단히 구제할 수 있다(약제편 참조).

배양 장소

일반 분재대에서 일반분재와 같이 햇볕이 잘 들고 통풍이 좋은 곳이 좋으며 햇빛이 있는 정오에 엽수를 주면 잎이 타버릴 염려가 있으니 아침, 저녁으로 물을 주는 것이 좋다.

월동 대책

매화는 월동전에 서리를 2~3회 맞추어 휴면에 들어가도록 한다음 월동시키는 것이 좋으며 꽃을 일찍 보고자 할 때는 10~15℃ 정도인 실내 온실로 옮겨, 엽수를 자주 주면서 관리하면 1주일 이내에 꽃을 볼 수 있다.

(15) 석류 나무

석류나무는 석류과에 속하는 •갈잎큰키 나무로서 학명 Punica Granatumr이다. 원산지는 소아시아로서 추위에 강한 편이나 우리나라 중부지방에서 가꾸려면 동해를 입기 때문에 특별한 보호 관리를 잘 해야 동해를 방지할 수 있다.

석류나무의 특성

① 추위에 약해 영하 −10℃ 이하로 기온이 내려가면 동해를 입어 고사하게 된다.

② 가지 끝에서 꽃이 되어 열매가 달리므로 순치기 전지를 꽃이 핀 뒤에 해야 한다.

③ 수세가 강하고 잔가지도 잘 나온다.

소재 증식

① 실생으로 번식이 잘 되고 삽목·취목도 잘 된다. 실생은 3~4월 경 파종한다.

② 삽목은 잘 되나 온도가 35℃ 이상 유지되어야 발근이 잘 됨을 명심하여 관리해야 실패없이 성공시킬 수 있다. 특히 석류나무는 고목의 경우도 삽목이 잘 되므로 삽목으로 소재를 만들기 손쉽다는 잇점이 있다.

③ 취목은 6월 경 취목이 잘 되는 수종으로 취목후 2개월 후면 발근이 된다.

수형

직간, 사간, 쌍간, 모양목, 현애, 다간 등 여러가지 수형을 구상하여 기를 수가 있다.

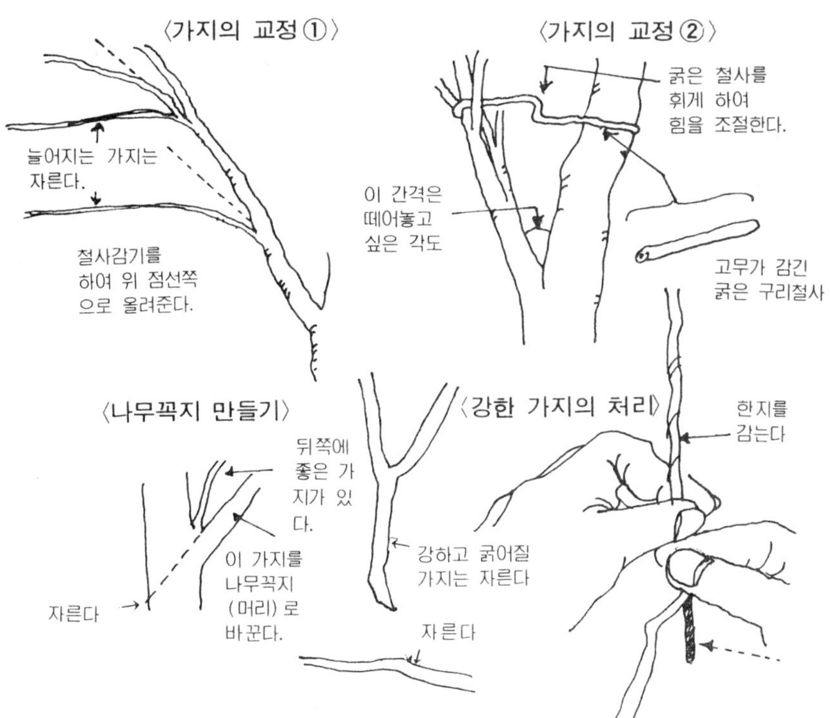

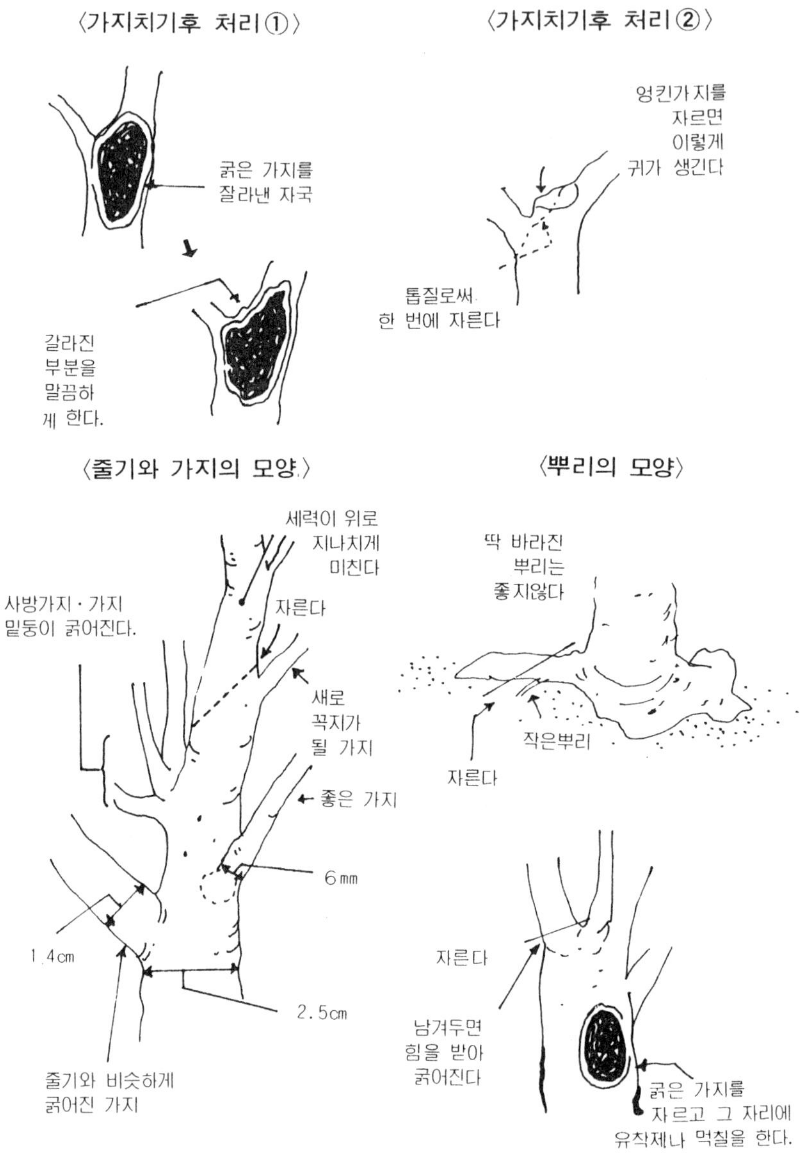

〈가지치기후 처리 ①〉
굵은 가지를
잘라낸 자국
갈라진
부분을
말끔하
게 한다.
〈가지치기후 처리 ②〉
엉킨가지를
자르면
이렇게
귀가 생긴다
톱질로써
한 번에 자른다
〈줄기와 가지의 모양〉
세력이 위로
지나치게
미친다
자른다
사방가지·가지
밑동이 굵어진다.
새로
꼭지가
될 가지
좋은 가지
6 mm
1.4 cm
2.5 cm
줄기와 비슷하게
굵어진 가지
〈뿌리의 모양〉
딱 바라진
뿌리는
좋지않다
작은뿌리
자른다
자른다
남겨두면
힘을 받아
굵어진다
굵은 가지를
자르고 그 자리에
유착제나 먹칠을 한다.

분토

물을 좋아하기 때문에 보수력이 좋은 분토를 써야 한다. 직경 2~3 mm의 모래에 적토 4%, 부엽토 5%, 골분 5%를 혼합하여 배양토를 사용한다.

분갈이 시기와 방법

새순이 돋기 직진이나 7~8월 경이 최적기이다. 어린 나무는 매년 분갈이를 실시하여 생장을 촉진함이 바람직스러우나 노목인 경우는 도장하는 것을 억제하기 위해 2~3년에 1회 정도 실시하는 것이 바람직하다. 분갈이 할 때는 굵은 뿌리와 잔뿌리를 짧게 자르고 배수가 잘 되도록 심어야 한다.

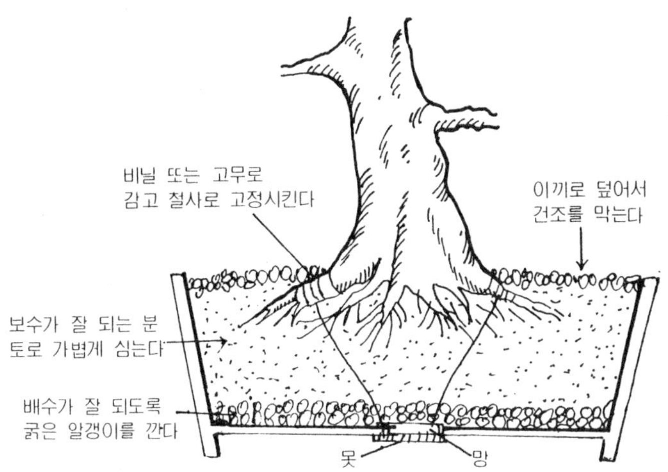

관리

수형을 다듬을 때는 5월 중순까지 새순을 전지하여 수형을 잡을 수 있으나 5월 중순 이후에 전지를 하면 꽃눈을 잘라버리는 결과가 되므로 다음해에 꽃을 볼 수 없음을 일러둔다.

양수이므로 햇빛이 8시간 이상 받을 수 있는 분재대에서 일반분재와 같이 관리하는 것이 바람직스러우며 한낮에 엽수나 물을 주어서는 안된다. 철사걸이는 시기에 관계없이 할 수 있으나 가지가 연약하므로 부러지지 않도록 주의가 필요하다.

병충해 방제

진딧물, 응애, 잎말이나방, 개각충 등 해충이 많이 발생하는 편이다. 살충제로 간단히 구제할 수 있다(병충해편 참조).

월동 대책

-10℃ 이하의 동해에 약한 수종이므로 특별한 관리가 필요하다.

(16) 모과 나무

모과 나무는 우리나라 남해안 일대 야산에서 자생하는 수종으로 모과는 열매를 뜻하며 학명으로는 Cydonia Sinenis이며 능금나무과에 속하는 갈잎큰키나무이다.

수고는 6m까지 자라고 나무의 표피가 매년 벗겨져 녹갈색의 무늬가 더욱 운치를 더 해주며 연붉은 꽃 또한 아름답다. 열매는 타원형으로 가을이 되면 노란색으로 익어 향기가 강해서 방안에 한 두개 놓아두면 온 방안이 모과향기로 가득찬다. 또한 모과열매는 약제로 쓰이기도 한다.

모과나무의 특성

수피의 얼룩무늬가 운치가 있으며 수세가 왕성하여 부정아가 잘 나오므로 수형잡기가 쉬운 나무이다. 모과에 열매를 달리게 하려면 꽃이 핀 다음 질소비료를 주어서는 아니되고 열매가 살구 정도 커졌을 때 시비를 해야 열매에 해를 주지 않는다.

소재 증식

실생법, 삽목법, 취목법, 접목법이 있으나 분재소재로는 취목법, 접목법이 적합하다.

수형

직간, 곡간, 모양목, 쌍간, 다간 등 여러가지 수형으로 가꿀 수 있으나 잔가지를 조밀하게 할수록 자연스럽지 못하므로 잔가지를 적게 하여 자연스럽게 기르는 것이 바람직하다.

분토 및 분갈이

수세가 왕성하므로 배수가 잘 되도록 심는 것이 좋으며 직경3~4mm의 모래에 흑토 10%, 부엽토 5%, 골분 5% 정도 배합하여 분토로 사용하는 것이 이상적이다. 어린 소재는 매년 분갈이를 하는 것이 이상적이다. 노목인 경우는 2~3년에 1회가 적합하다. 노목의 분갈이를 자주 하다보면 도장하여 분재의 수형이 흐트러지고 열매를 관상하기가 어려워진다는 것을 염두해 두어야 한다.

관리

하루 8시간 햇빛을 볼 수 있는 통풍이 좋은 곳에서 관리하고 골분, 시비를 하여야만 튼실한 모과를 감상할 수 있으며 정오에 엽수나 물을 주어 잎이 타는 일이 없도록 함은 물론 너무 건조시켰다가 과량의 물을 주어 열매가 떨어지지 않도록 조심을 해야 한다.

병충해 방제

적선병, 진딧물 등의 병충해가 발생되나 약제로 간단히 구제 할 수 있다(병충해 농약편 참조).

월동 대책

월동기에 접어 들면 석회유황합제 8~10배액을 고루 살포하고 새싹이 나기전 석회 유황 합제를 살포하면 병충해 예방은 무난하다. 추위에 강한 수종이기 때문에 동해를 입는 경우는 흔하지 않으나 겨울철 건조로 가지가 마르는 경우가 간혹 나타나므로 엽수를 자주하여 건조를 막아 주는 것이 바람직하다.

(17) 으름덩굴

우리나라 산야의 계곡에 분포되어 자생하고 있는 덩굴류로서 으름덩굴과 으름덩굴속에 속하며 학명은 Akebia Qui−nata decaisue로서 우리나라에 2~3여 종이 있다. 꽃은 연한 자주빛으로 향기가 좋으며 열매는 긴 타원형으로 가을이 되면 완숙돼 양쪽으로 갈라져 검은씨가 보이는 아름다움을 연출해 냄으로로써 분재인의 사랑을 받는다.

으름덩굴의 특성

봄철에는 새싹이 아름답고 초여름에는 꽃과 향기가, 무더울 때는 열매, 가을에는 노랗게 익은 열매가 아름답다.

소재 증식

산채, 실생, 취목의 방법으로 할 수 있으나 분재소재로는 산채와 취목이 적당하다.

분토와 분갈이

으름은 수분을 매우 좋아하는 수종이기 때문에 모래2~3mm 정도의 크기에 흑토 10%, 황토 10%, 부엽토 5%, 골분 3%를 넣어 만든 분토가 적합하다. 으름의 뿌리가 연약하므로 산채할 때 잡아 당기는 일이 있어서는 아니되며 분갈이 할 때도 잔뿌리를 보호하여 묵은 흙을 조심스럽게 털어야 한다.

분갈이는 보통 휴면기에 하는 것이 좋으나 삽목이 잘 되는 덩굴이기 때문에 연중할 수 있는 수종이다.

그러나 꽃을 보고자 할 때는 가을에 분갈이를 하여 보호실에서 관리해야 한다.

수형

덩굴성이므로 어린 소재는 현애, 반현애가 어울리나 노목인 경우는 모양목으로도 기를 수 있다.

시비

골분을 수시로 시비하여야하나 깻묵을 너무 많이 주어 질소의 과다로 도장이 되지 않도록 주의해야 한다.

관리

수분을 좋아하는 수종이기 때문에 물을 충분히 주고 통풍이 잘 되는 분재대에서 관리하면서 도장지를 잘라 주고 골분을 시비한다면 좋은 열매를 관상할 수 있다.

병충해 방제

간혹 흰가루병이 발생되나 일반 분재와 같이 소독을 해주면 별다른 병충해 피해는 없다.

월동 대책

뿌리가 약하기 때문에 야생 채취한 소재라 할지라도 특별한 보온이 필요하다. 으름덩굴은 동해의 염려는 없으나 뿌리는 동해에 약하므로 뿌리를 특별히 보온해 주어 동해를 입지 않도록 한다.

(18) 아그배 나무(심산해당)

학명 Malus Sieboldii Rehder으로서 전국 산야에 분포되어 있으나 집단으로 자생지를 형성하여 자라고 있다. 습도가 많은 토양에서 군락을 만들고 나무의 높이는 4~4.5m로 줄기의 직경이 5~6cm 정도의 것이 많으며 가지마다 작은 홍옥을 만개한 아그배나무는 열매분재 중에서도 멋이 풍부한 나무이다.

아그배나무의 특성

봄에 흰꽃을 감상할 수 있고 낙엽이 진 후에는 또 홍옥의 열매를 즐길 수 있는 매력적인 수종이다. 수세가 왕성하고 동해를 입지 않는 튼튼한 나무로서 재생력이 강할 뿐더러 부정아가 잘 나와 수형잡기가 수

월하다.
수형
모양목, 직간으로 잡기가 용이하다.
소재 증식
실생, 잡목, 산채로 들 수 있으나 여기서는 산채에 의한 소재를 다루고자 한다.
소재 선택
① 뿌리부분은 굵고 차차 가늘어져 올라간 소재
② 상처나 병충해가 없을 것
③ 줄기부분에 아름다운 곡이 들어 있는 소재
④ 표피가 거칠지 않고 매끈한 소재
⑤ 가지 뻗음이 좋은 분재
분토와 분갈이 시기
수세가 왕성한 수종이므로 직경 3~4mm 정도의 모래에 황토 10%, 흑

〈가지를 크게 정리하기〉

토 10%, 골분 6%, 부엽토 4%를 배합하여 어린 소재를 매년 분갈이를 하여 수세를 왕성하게 만들고 노목인 경우는 도장시킬 필요 없이 되도록이면 억제시키고 열매가 달리도록 유도해야 되므로 2~3년에 1회 정도 분갈이를 하여 열매를 감상할 수 있도록 해야 한다.

노목을 매년 분갈이를 했을 경우는 수세는 왕성하나 열매를 맺지 않으므로 명심해야 한다. 만약 부득이한 경우로 분갈이를 해야 할 경우는 뿌리 정리를 ¼ 정도만 절단하여 묵은 분토를 털지말고 그대로 심는 것이 이상적이다.

어린 소재는 연중 분갈이를 할 수 있으나 노목인 경우는 꽃과 열매를 보호해야 하므로 가을이나 3월 중순 경 꽃망울이 피기 전에 실시함이 최적기라 하겠다.

수형

모양목, 곡간 등으로 수형잡기가 편리하다.

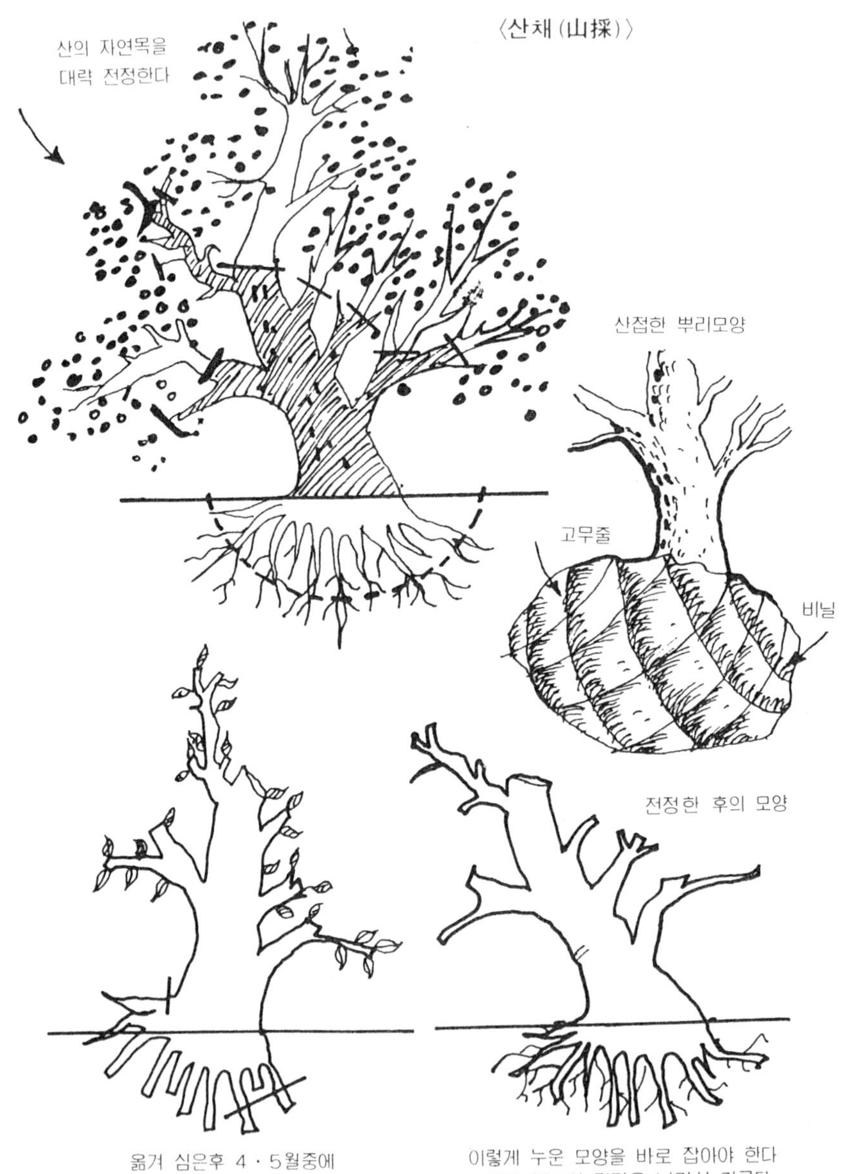
산의 자연목을
대략 전정한다
〈산채(山採)〉
산접한 뿌리모양
고무줄
비닐
전정한 후의 모양
옮겨 심은후 4·5월중에
붉은 색의 새 눈이 돋는다
이렇게 누운 모양을 바로 잡아야 한다
이때 필요한 것만을 남겨서 기른다

관리

아그배나무는 수세가 강한 수종이므로 물의 양을 충분히 주어 햇빛을 8시간 이상 받도록 하고 배수가 잘 되도록 하여 뿌리의 활동이 활발하도록 하여야 한다. 전지는 5월 중순까지 마치고 6월 경에는 전지를 하지 않아야 꽃눈 분화가 잘 된다. 철사걸이는 연중 행하여 수형을 잡아 주어도 좋다.

열매를 맺게 하는 기술

열매 분재는 먼저 꽃눈이 생기도록 해야 한다. 아그배나무는 꽃눈이 6월 말에서 7월 초에 분화가 시작되므로 질소비료를 주지 않는 것이 좋으며 물의 양을 줄이고 햇빛의 양을 늘려 꽃눈 분화를 촉진시켜 도장지가 생기지 않도록 관리한다.

개화후 관리

개화가 되었을 때는 비를 맞게 하거나 엽수를 주지 않도록 하고 비가 올 때는 비를 맞지 않도록 관리해야 열매를 잘 맺게 된다.

시비

열매분재는 골분을 충분히 주고 너무 건조하거나 너무 과습하는 것은 열매분재에 극히 해로우므로 주의하여야 한다.

병충해 방제

새싹에 진딧물이 생기는 경우와 가끔 응애가 생기는 경우는 마라티온 유제를 살포하여 구제할 수 있다(병충해편 참조).

월동 대책

월동전에 석회 유황 합제 8배액을 살포한 다음 일반 분재와 같이 월동시키면 별 피해는 없다.

(19) 철쭉류(영산홍)

영산홍의 종류는 다양하여 우리나라에서만 재배되는 품종만도 200여 종 내외가 되나 배양방법은 거의 동일한 방법으로 가꾸고 있으므로 분재소재를 중심으로 소개하고자 한다.

분토

황사 2~3mm에 황토 10%를 혼합하고 수태를 잘게 썰어 분토에 섞어 심는 것이 바람직하다.

분갈이 방법

철쭉의 뿌리는 발육이 매우 좋기 때문에 1년만에 솜뭉치 같은 잔 뿌리가 분속을 꽉 채우므로 묵은 뿌리는 2/3 정도를 잘라버리고 묵은 흙도 되도록 깨끗이 제거하여 분바닥에 4~5mm 굵기의 모래를 깔고 그위에 분토를 간다. 또 소재의 뿌리를 사방으로 펴서 심는데 뿌리와 뿌리 사이의 공간이 없도록 심어야 한다.

배양 관리

분갈이한 분재는 밤중에 얼지 않도록 비닐하우스나 프레임에 넣어 보호한 다음 날씨가 풀리는 정도를 보아 서서히 분재대로 옮겨 햇빛을 받아 분토가 따뜻해지도록 함으로써 뿌리가 빨리 나게 한다. 대체적으로 철쭉은 햇빛이 잘 비치고, 통풍이 좋은 곳에서 관리하는 것이 좋다.

─ 산채 소재 전지법 ─

일반적으로 정원수나 산채에 의해 노목의 소재를 구하기가 쉬운 수종으로서 노목은 뿌리 뻗음도 좋고 줄기의 모양에 고태가 나서 좋으며 세력 또한 왕성한 편이다. 때문에 가지를 잘라버리고 몸통만 남겨도 새순이 잘 돋으므로 새순을 가지로 키우면서 수형을 잡아 가노라면 좋은 수형을 만들 수 있다.

수형

모양목, 곡간, 현애 등으로 수형을 만들기가 쉽다. 철사걸이는 연중 할 수 있으며 가지가 부러지지 쉬우므로 비틀어져 휘어지기 전에 바로 잡는 것이 용이하다.

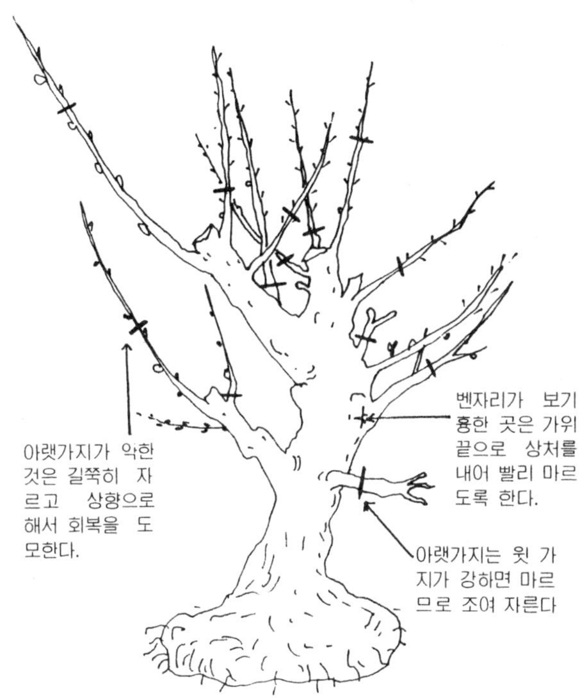

시비

3~5월 사이에 시비를 하는 것이 좋다. 꽃을 감상하는 수종이므로 꽃
봉오리가 맺혔을 때 시비를 하면 꽃의 색깔이 담백해진다.

월동 대책

추위가 강한 수종은 별문제가 되지 않지만 추위에 약한 품종은 비닐
하우스나 프레임에 넣어 관리하는 것이 바람직하다.

───────────────────※〔참고〕───────────────────
추위에 강한 수종 : 가을에 낙엽이 일찍 진다.
추위에 약한 수종 : 가을에 낙엽이 지지 않는다.

(20) 애기 사과

봄이 되면 꽃봉오리가 활짝 피었다가 꽃이 지고 나면 조그마한 열매가 맺히고 그 열매는 가을이 되면 흡사 사과같이 빨갛게 익어 실내의 과수원같은 아름다움을 연출하는 수종이다. 꽃과 열매의 아름다움을 모두 갖춘 애기사과는 분재인을 위해서 생긴 수종이 아닌가 생각할 정도로 누구나 즐겨 가꾸는 수종이다.

품종이 다양하여 종류수만도 70여 종이 넘고 지금도 새품종이 많이 개발되고 있는 수종이다.

소재 증식

실생, 접목, 취목으로 증식되고 있으나 대부분이 접목, 취목으로 분재용 소재를 만들고 있으며 실생으로 새로운 품종이 개발되고 있다.

수형

사간, 곡간, 모양목 등으로 가꾸고 있으나 모양목이 가장 무난한 수형으로 적당한 부위에 취목을 하여 소품분재를 만드는데 적합한 수종이다.

분토

보수력이 좋도록 분토를 배합하여야 하므로 2~3mm 정도의 모래에 흑토 20%, 부엽토 10%, 골분 10%, 계분 3%를 배합하여 만든다.

분갈이

어린 소재는 매년 분갈이를 하는 것이 좋으나 노목인 경우는 2년에 한번 정도면 적당하다. 분갈이는 꽃과 열매에 해를 주지 않는 10월이 적기라 할 수 있으나 꽃과 열매를 생각치 않는다면 연중 가능한 수종이다.

애기사과는 수세에 강한 수종이므로 분갈이를 할 때는 뿌리 정리를 충분히 하고 묵은 흙은 깨끗이 털어 내어 뿌리를 사방으로 펴서 심는다. 이때 막대로 조심스럽게 흙을 밀어 넣어 뿌리사이의 공간을 채우고 비닐하우스나 프레임에 넣어 관리하면 새뿌리의 발육이 좋아진다.

가지 치기

꽃과 열매를 중시해야할 나무이므로 가지 정리에 신중을 기해야 한

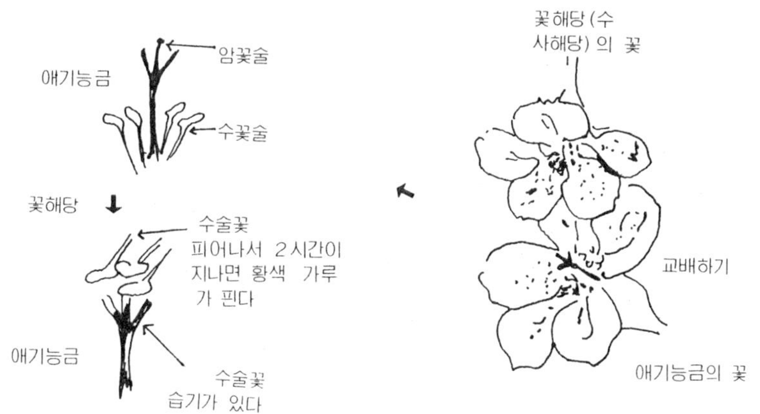

〈교배시키는 요령〉

〈애기사과의 분재 조성법〉

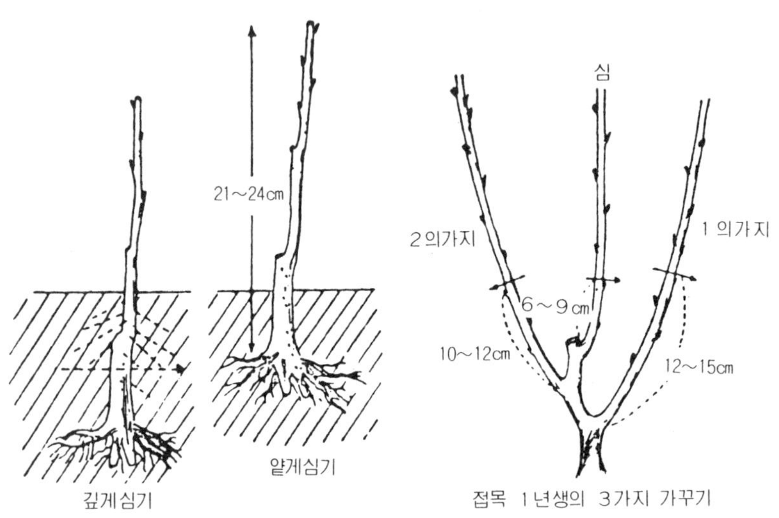

〈새순의 가지 유인〉

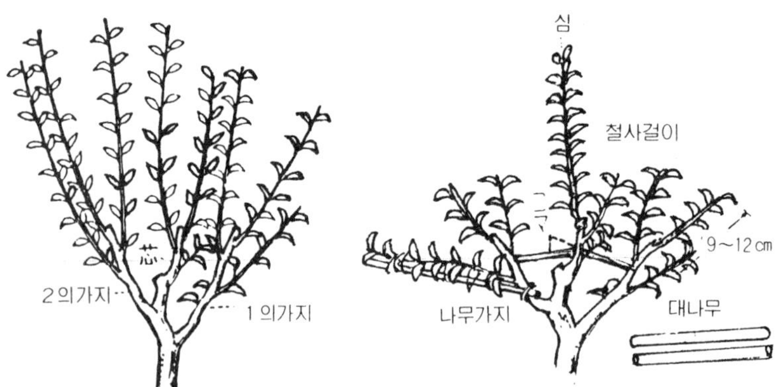

다. 꽃눈이 붙어 있는 가지는 도장을 하지 않으나 꽃눈이 없는 가지는 도장하여 수형을 망가뜨리는 수가 있으니 도장지는 그 잎을 남기고 전지를 한다.

분갈이할 때 불필요한 가지는 전지를 하고 흉한 가지는 열매가 익어갈 때 전지를 하여 감상하도록 한다.

철사 걸이

철사걸이는 연중 실시할 수 있으나 표피가 연약하므로 표피에 상처가 나지 않도록 특별한 주의가 필요하다.

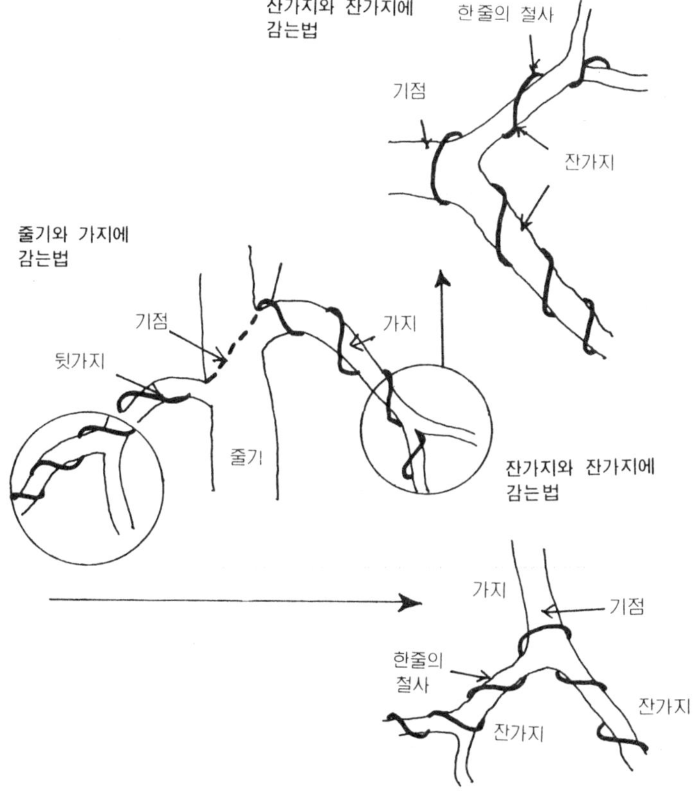

병충해 방제

사과나무류는 병충해가 다른 수종에 비해 많이 발생하므로 특히 주의가 요망된다. 그러나 월동전에 석회유황합제 8배액을 살포하고 월동이 끝난 후 꽃눈이 활동하기 전에 1회 살포함으로써 구제할 수 있다. 또 진딧물, 개각충 등 각종 해충이 발생되나 약품편을 참조하여 구제하도록 한다.

관리

햇볕이 잘 드는 분재대에서 일반분재와 같이 관리하면 좋으나 지나친 통풍은 나무에 피해를 가져오므로 낮은 분재대에서 관리하는 것이 좋다.

월동 대책

한해에 강한 수종이나 분에서 기르는 분재는 보호실에 넣고 관리하면 별 피해는 없다.

(21) 느티나무

우리나라 전 지역에 자생하고 있는 수종으로서 수세가 강하여 뿌리 뻗음, 곧은 줄기, 가지퍼짐이 매력적인 수종이다. 시골의 마을입구에 거목으로 자리잡아 마을의 파수꾼처럼 그 위용을 자랑하는 모습을 볼 수 있는데 전설에 얽힌 신령한 나무로서 보호되고 있는 나무이다.

느티나무는 수세가 강하여 성장속도가 빠르기 때문에 빠른 것만큼 계속 변화가 생기므로 가꾸는데 싫증을 느끼지 않는 매력적인 수종이다.

소재 증식

실생, 삽목, 취목, 산채로 소재를 입수할 수 있으나 분재소재로는 실생, 취목, 산채를 주로 행한다.

소재 선택

① 잎이 작은 것
② 뿌리 뻗음이 사방으로 발달된 것
③ 상처가 적고 표피가 깨끗한 것
④ 소재줄기의 곡이 아름다운 것
⑤ 가지뻗음이 분재수형으로 적합한 것.

수형

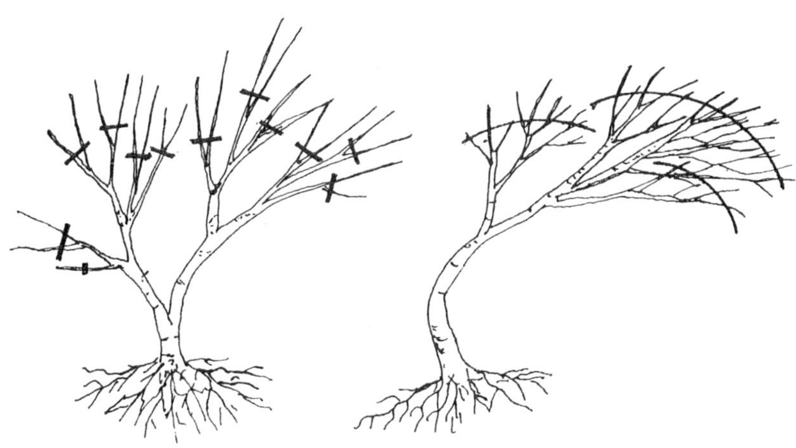

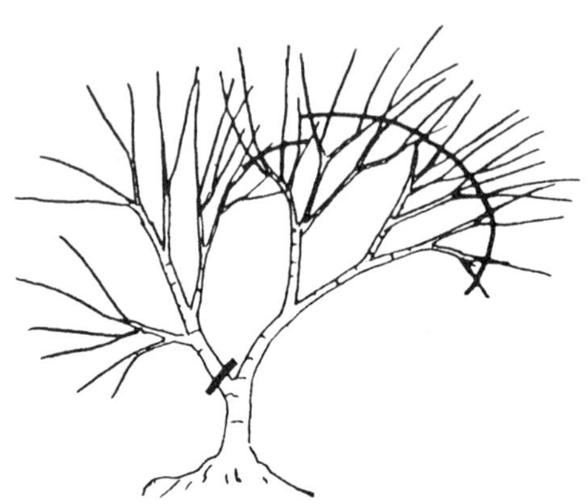

수형은 대부분 직간, 곡간, 모양목, 합식으로 만들고 있다. 느티나무 분재는 마을 앞에서 흔히 볼 수 있는 거목의 수형을 축소시켜 만들어 자연스러운 수형이 되도록 모아심기를 하여 잡목림의 우거진 수풀경치로도 만들 수 있다.

수형 만들기

수세가 왕성한 수종이므로 눈트기도 왕성한 수종이다. 소재가 입수되면 장차의 수형을 염두해 두고 가지배열을 하면서 전지를 한다. 잔가지를 늘여가면서 2~3년 가꾸다보면 수형이 잡힌다.

분토와 분갈이

왕사 2~3mm 정도에 황토 10%, 흑토 10%, 부엽토 10%, 겨는 3%를 배합하여 사용한다. 수세가 왕성하므로 어린 소재는 매년 분갈이를

〈나무의 고정법〉

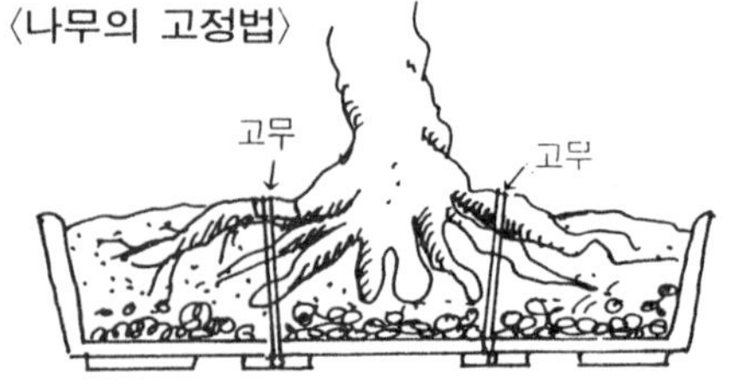

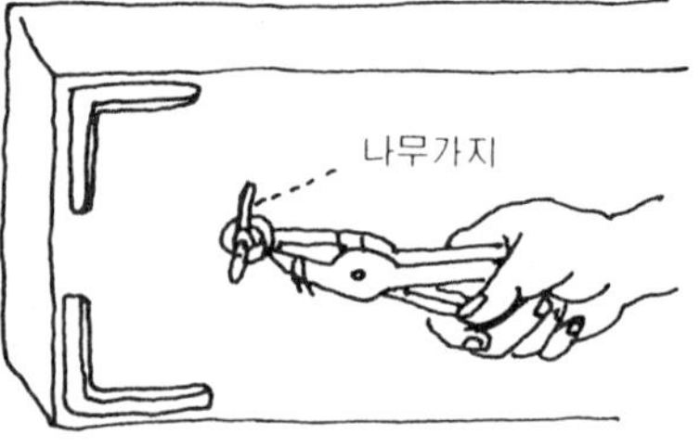

하여 생장 속도를 빠르게 하나 노목인 경우는 2~3년에 분갈이를 하는 것이 좋다. 분갈이는 잎의 상태를 관찰하여 연중 수시로 할 수 있으며 느티나무는 물빠짐이 좋아야 한다. 배수가 좋지 않으면 뿌리가 질식하여 부패하므로 주의하여야 한다.

잎따기

잎이 지저분해지면 잎을 따서 새잎을 나게 함으로써 깨끗한 잎을 감상할 수 있는데 잎을 따면 잔가지가 많이 생겨나고 잎도 깨끗해지므로 느티나무의 품위를 더해갈 수 있다.

잎따는 시기와 횟수

잎따기는 연중할 수 있으나 수세를 보아가면서 적절한 시기에 행하는 것이 좋다.

※참고 —— 1년에 2~3번 행하는 경우도 있으나 9월 말이나 10월 경에 잎따기를 하면 곧 바로 낙엽기가 닥쳐서 새잎이 나올 기간이 없으므로 다음해까지 기다려야 한다.

철사걸이

연중 수형을 관찰하면서 실시할 수 있으나 여름철에는 표피가 약하므로 표피에 상처가 나지 않도록 각별한 주의가 필요하다.

관리

수세가 강하나 여름철 강한 햇빛을 막아 잎을 보호해 줌으로써 깨끗한 잎을 감상할 수 있다. 물을 좋아하기 때문에 관수는 충분히 해주는 것이 좋다. 정오에 엽수를 주면 잎의 물방울이 렌스현상을 일으켜 잎을 타게 하는 경우가 있으므로 주의를 해야 한다.

병충해 방제

진딧물, 개각충, 흰가루병이 생기는 경우가 있는데 마라치온, 스미치온의 약제로 간단히 구제할 수 있으며 월동전에 석회유황합제를 살포한 다음 월동시키면 예방할 수 있다.

월동 대책

노지에서도 충분히 월동이 가능하나 겨울철 건조에 약한 가지가 많을 경우가 있으므로 보호실에서 엽수를 주면서 관리하는 것이 이상적이다.

(22) 단풍 나무

우리나라 사계절의 표정을 가장 풍부하게 보여 주는 단풍나무는 봄에 새로 돋아나는 고운 잎과 늘 푸르고 활력이 넘치는 여름잎, 가을의 노란 단풍잎, 겨울나무의 잔가지가 섬세하고 아기자기한 풍미를 느끼게 하므로 누구에게나 정원수로 각광을 받고 있다.

단풍나무계에는 Kaede계, Havchiwa Kaede계, Itaya Kaede계 등 30여 가지가 있으며 또 원예용으로 개량한 품종과 외국에서 도입한 품종 등 다양한 수종이 있다.

그러나 분재용으로 적합한 나무로서는 실생이나 삽목으로 기른 소재가 좋다.

소재 증식

실생, 삽목, 취목, 산채 등으로 소재를 구할 수 있으나 산채 노목은 분재소재로서 부적합하므로 초심자는 주의해야 한다.

수형

직간, 사간, 모양목, 합식, 분경 등으로 초보자들에게도 수형을 구상하기가 용이하고 수세가 왕성하므로 단시일에 분재를 만들어 감상하면서 수형을 만들 수 있으므로 분재인이라면 소품이고 중품이고 간에 한두 그루는 가꾸고 있는 수종이다.

수형만들기

소재를 입수한 후 장차 수형의 구상가지를 배열하면서 새순을 전지함으로써 단시일에 수형을 갖출 수 있다.

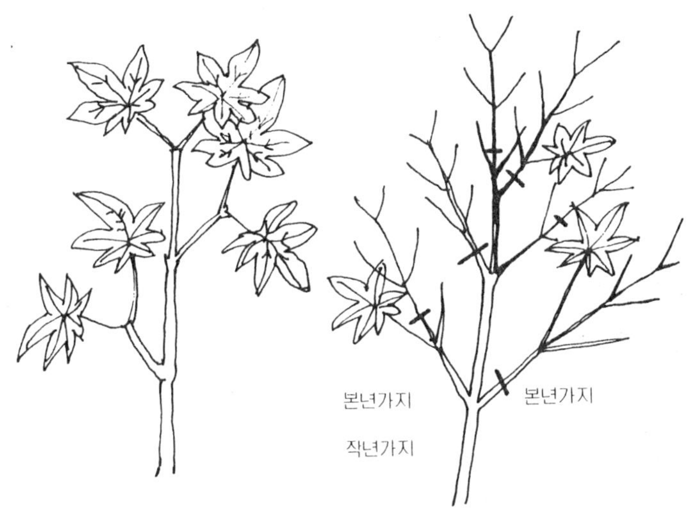

〈여름전정의 방법〉

뿌리치기

직근을 대담하게 정리하고 옆뿌리를 사방으로 퍼지게 한 다음 전지를 하여 얕은분에 심어 잔뿌리가 옆으로 퍼지도록 유도해 심는다.

이와 같이 밑둥쪽의 흙덩어리를 털어 없애고 새흙을 넣어 주면서 지근(枝根)이 새흙에 뻗어나가서 뿌리 뻗음과 모양이 좋아지도록 한다. 얕은 분에서 배양하려면 흙이 잘 말라서 곤란하기 때문에 이끼를 써서 심는다.

이끼를 쓰는 방법은 물에 담는 이끼가 덩어리가 되지 않도록 잘 풀어서 분의 밑부분에 깔고 다음 이끼 공간에 잔흙을 넣어(가운데가 불룩하도록), 뿌리가 흙에 밀착되도록 고정시켜 심음으로써 뿌리 노출이 굳센 의지력을 나타내게 된다.

분토와 분갈이

2~3mm의 황사에 황토 10%, 흑토 5% 부엽토 5%를 넣고 배합하여 사용하고 어린 소재는 매분 분갈이를 하여 수세를 돋구고 노목인 경우는 2~3년에 한번 정도 함으로써 분재의 품위를 그대로 유지할 수 있다.

시비

어린 소재는 엽색을 보아가면서 수시로 할 수 있으나 노목인 경우 지나친 시비는 수형을 흐트러지게 할 염려가 있으므로 주의가 요망된다.

관리

일반분재와 같이 햇빛을 충분히 받을 수 있도록 하고 통풍이 좋은 분재대에서 관리하는 것이 좋으며 여름철에는 반 그늘을 만들어 주어 잎을 보호하는 것이 좋다. 잎에 엽수를 주다 렌스현상을 일으켜서 잎의 끝을 마르게 해서는 안된다.

병충해 방제

새순이 돋으면 진딧물이 생기는 경우가 있으나 약제로 간단히 구제할 수 있으며 개각충 등의 해충은 월동전에 유황합제 8배액을 고루 살포하여 월동시킴으로써 구제할 수 있다(병충해편 참조).

월동 대책

　일반분재와 같이 비닐하우스나 프레임에 넣어 관리하면 가능하나 겨울철 과습으로 인하여 뿌리가 부패되는 일이 없도록 주의가 요망된다.

(23) 소사나무

　소사나무는 우리나라 서해안, 남해안 일대에서 자생하는 수종으로 표피, 마디, 가지배열, 잎의 아름다움, 뿌리배열, 단풍 등이 분재 수종으로 손색이 없는 나무이다.

소재 증식

　실생, 삽목, 취목, 산채로 할 수 있다.

수형

　직간, 사간, 곡간, 모양목, 삼간, 합식 등의 수형이 있으나 소사나무는 밑둥치가 굵고 울퉁불퉁하며 골이 파인 것이 소사의 매력이다. 어느 수형이나 어울리는 품종이나 어린 소재보다는 노목이 어울린다.

소재 선택

　① 밑둥치가 굵고 울퉁불퉁하며 줄기에 골이 파여 있다. 표피가 흰색을 띠는 소재

　② 잔뿌리가 사방으로 퍼져 있는 소재

　③ 줄기에 큰 상처가 나지 않은 소재

　④ 10월~2월에 채취한 소재

　⑤ 수형을 구상할 수 있는 소재

소재 관리법

① **가지**: 줄기나 가지를 전지하였을 때는 반드시 깨끗하게 상처부위를 다시 잘라내고 상처보호제를 발라 외부의 균이 침범하지 못하도록 처리한다(상처보호제편 참조).

② **뿌리**: 뿌리를 전지하였을 때는 전지부위를 깨끗하게 다시 잘라내고 소독을 한 다음 발근제로 처리함으로써 부패를 방지하고 발근만을 촉진시켜 준다(발근제편 참조).

배양토

황사 3~4mm에 황토 10%, 흑토 10%, 부엽토 5%를 배합하여 사용하는데 산채소재인 경우는 황사 3~4mm에 황토 20%만 배합하여 사용함이 적합하다.

분갈이

〈지상부와 지하부의 관계〉

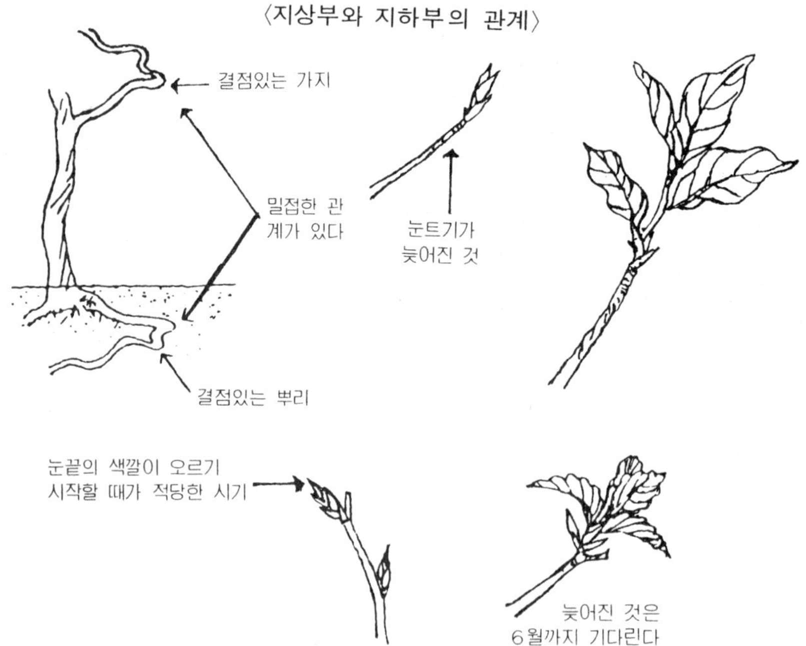

싹눈이 활동하기 전이나 7월 휴면기에 실시하는 것이 적기라 할 수 있으나 동해를 막아줄 수 있는 시설이 마련되어 있을 때는 겨울철도 무난하다. 또 어린 소재인 경우는 매해 분갈이를 하여 수세를 높이고 노목인 경우는 2~3년에 한번씩 분갈이를 해주는 것이 좋다.

시비

거름을 좋아 하는 수종이므로 뿌리의 상태를 살펴가면서 충분한 시비를 하여 수세를 높여 주는 것이 바람직스럽다.

잎따기

수세가 왕성한 소재는 연중할 수 있으나 수세가 약한 소재는 수세가 왕성해 질 때까지 기다렸다가 잎따기를 하는 것이 좋다.

병충해 방제

월동에 들어가기 전에 석회유황합제를 고루 살포한 다음 월동시키면 다음해를 무난히 넘길 수 있다(병충해가 발생되었을 때 병충해편 참조).

관리

수분을 좋아하는 수종이므로 물을 충분히 주고 엽수를 하여 잎에 붙어 있는 먼지를 씻어 주면서 일반분재와 같이 관리하면 된다.

(24) 명자나무 (장수매)

꽃이 귀한 겨울철 온돌방에 싱싱하고 화려한 붉은 꽃, 분홍꽃의 자태를 요염하게 펼쳐 놓을 수 있는 명자나무(장수매) 분재야말로 새삼 젊음의 화려함을 느끼게 한다. 명자나무는 장미목 장미과에 속하며 학명은 *Chaenomeles Lagenaria*로서 높이는 2m내외이다. 관상용으로 많이 기르고 있으며 잎은 타원형으로 꽃의 색은 붉은색, 분홍색, 담색으로 피고 열매가 잘 열려 꽃과 열매를 함께 즐길 수 있는 수종이다.

소재 증식

실생, 삽목, 취목, 분주 등의 방법이 있으나 분재용 소재로는 손쉽게 구할 수 있는 분주나 취목을 많이 선택하고 있다.

소재 선택

① 굵은 가지가 적고, 포기가 많은 것
② 병충해에 오염되지 않은 것(근두암)
③ 뿌리부분은 굵고 순으로 올라갈수록 가늘어지는 것

수형

주립, 직간, 쌍간, 모양목, 기식 등의 수형이 있으나 명자나무의 수형은 주립이 대부분이다.

각 줄기를 철사걸이로 균형있게 세워주고 교정한다. 꽃을 잘 피우게 하기 위하여는 가을에 잎이 떨어진 다음 가지에 두 눈을 남기고 바깥쪽 눈만 살려 자라게 한다. 새로 자란 가지는 꽃이 피지 않으므로 전지를 하여도 꽃을 볼 수 있다. 가지가 도장할 때는 가지를 한바퀴쯤 비틀었다가 놓으면 가지에 자국이 나므로 도장되는 것을 막을 수 있으며 꽃눈을 많이 만들게 되고 자연스러운 노태가 더욱 생동감 있게 보인다. 더우기 부정아가 나와 도장하므로 그때그때 전지함으로써 줄기를 더욱 튼튼히 할 수 있다.

분토

왕사 3~4mm에 황토 10%, 계분 3% 또는 깻묵 3%, 숯 20%를 배합하여 분토로 한다.

분갈이

분갈이는 꽃을 감상해야 하므로 10월 중순이 적기라 할 수 있다. 봄에 봄갈이를 해도 무방하나 뿌리가 근두암에 걸릴 확률이 크다. 만약 근두암에 걸린 나무를 분갈이 하고자 할 때는 근두암에 걸린 뿌리를 여유있게 잘라내든가 아니면 근두암 부위를 여유있게 도려내고 유황 합제를 바른 다음 숯을 부셔서 두껍게 발라 두고 분갈이를 하면 건강한 생장을 기대할 수 있다.

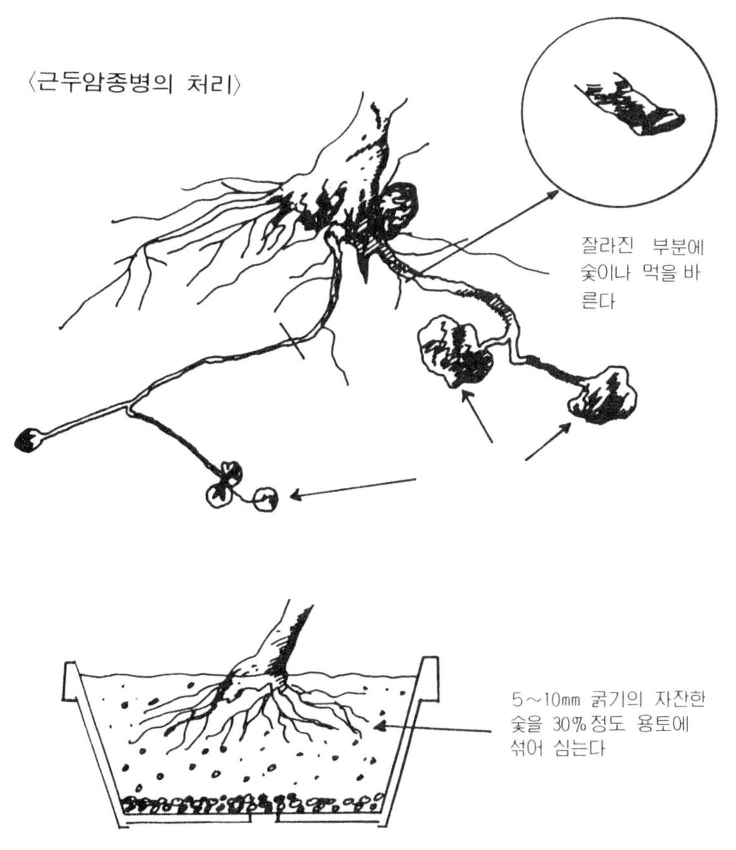

근두암 : 뿌리에 혹이 달려 커짐으로써 잔뿌리가 없어지고 마침내는 줄기가 말라 고사되는 병.

시비

비료를 좋아하는 수종이므로 잎의 상태를 보아 무더운 여름철은 제외하고 수시로 시비하는 것이 바람직하다.

병충해 방제

병충해가 많은 수종이므로 예방을 철저히 하여 발병되지 않도록 하는 것이 나무에 피해를 적게 하는 방법이다.   월동 전에 석회유황합제를 고루 뿌려주고 월동이 끝난 후에도 뿌려준 다음 분재대에서 관리하면서 보르도액 다이젠 M-45이나, 톱신을 수시로 뿌려줌으로써 부란병, 탄저병 등을 예방할 수 있다. 그외 해충은 잎말이벌레, 진딧물 등이 발생되나 그때마다 적절한 약제로 간단히 구제할 수 있다(병충해 편 참조).

관리

물을 좋아하는 수종이므로 급수를 충분히 해주면서 시비를 하고 일반분재와 같이 관리하면 되나 여름철 정오에 엽수를 주는 것은 삼가해야 된다. 여름철에 엽수를 주면 잎의 끝에 물방울이 맺혀 햇빛에 의해 렌스현상이 일어나 잎끝이 타버리므로 잎이 보기 흉하게 된다.

월동 대책

동해에 강하므로 특별한 조치는 하지 않아도 되나 겨울에(12월부터 ~3월상순)까지 끈질기게 꽃이 연속적으로 피므로 온도조절이 필요하다.

너무 지나치게 더우면 꽃의 수명이 길지 않으므로 10℃~12℃를 유지시켜 줌으로써 꽃의 수명을 길게 하여 싱싱함과 화려함을 오래도록 간직할 수 있다.

(25) 돌배나무

흰꽃의 청초함이 봄을 더없이 아름답게 만들어 또 다른 세계를 만드는 돌배나무는 우리나라 전국 산야에 군락을 이루어 자생하고 있다.

소재 증식

실생, 산채, 취목으로 할 수 있으나 산채취로 소재를 손쉽게 구할 수 있다.

분토

황사 2~3mm, 흑토 10%, 부엽토 5%, 골분 3%를 배합하여 분토로
사용한다.

분갈이

〈철사감기〉

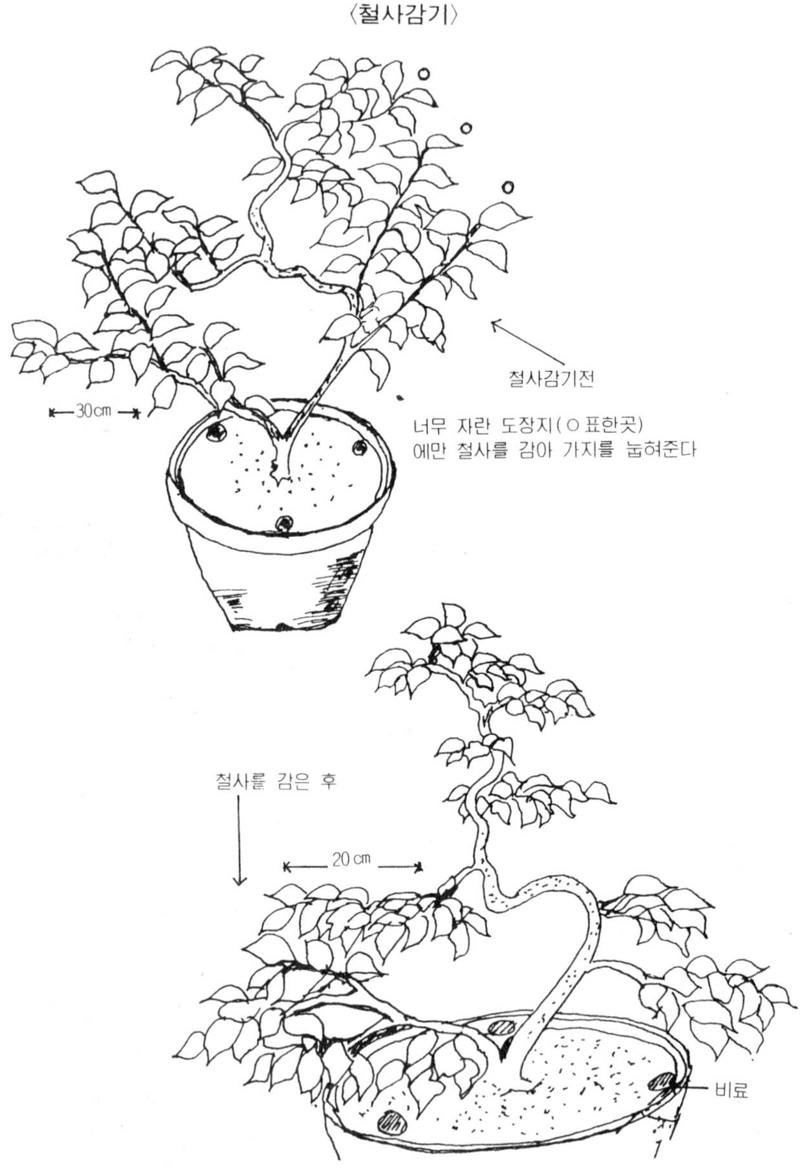

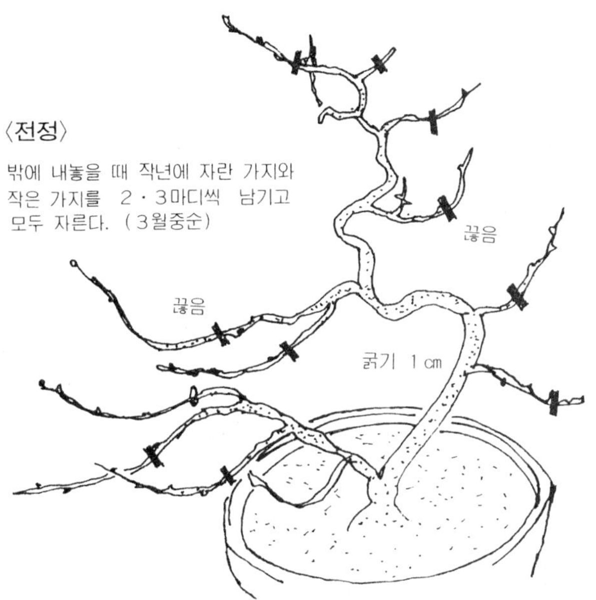

열매를 보는 것이 목적이므로 어린 소재는 매년 분갈이를 하여 수세를 돋구는 것이 좋으나 노목분재인 경우는 2~3년에 한번씩 분갈이를 한다. 분갈이를 할 때는 분토의 ⅓ 정도만 털고 뿌리 정리 역시 1/2 정도만 정리하여 심어서 나무의 수세를 약화시키지 않아야 분갈이를 한 해에도 결실을 볼 수 있다. 분갈이 시기는 10월부터 다음해 봄까지 할 수 있으며 경우에 따라서는 여름철에 해도 무방하다.

시비

열매분재이므로 질소비료보다는 골분비료를 많이 주어야 열매를 튼튼히 할 수 있다.

병충해 방제

다른 나무에 비해 병충해가 많은 수종이므로 월동 전에 석회유황합제 8배액을 고루 살포하고 월동이 끝난 직후 살포함으로써 방제할 수 있으나 부란병 등의 해충이 발생되었을 때는 약품편을 참조하면 간단히 구제할 수 있다.

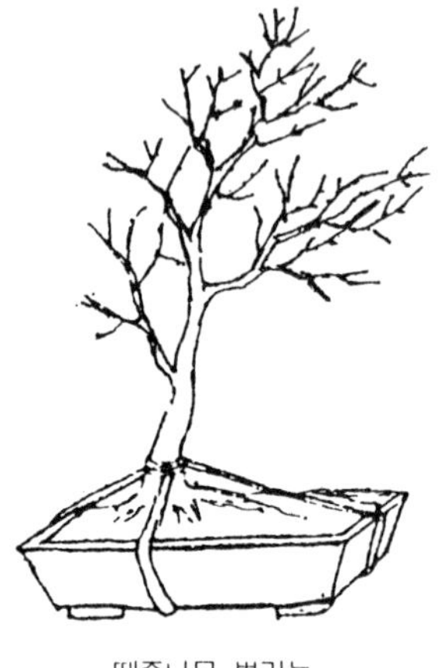

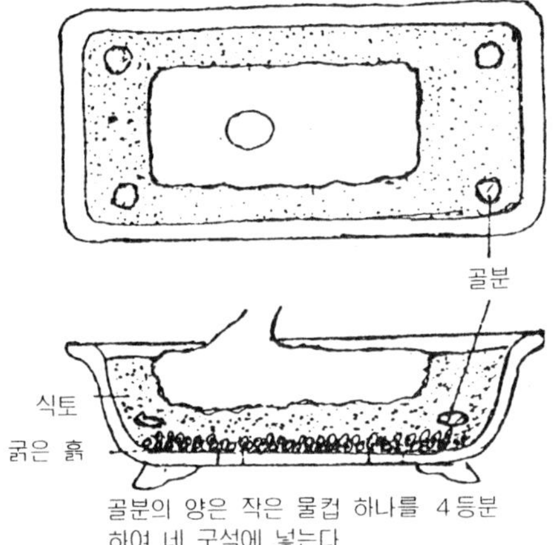

관리

일반분재와 같이 분재대에서 관리하면 병충해가 많으므로 주기적인 예방 약제를 살포하는 것이 좋다.

월동 대책

동해에 강한 수종이므로 특별한 관리는 하지 않아도 좋으나 건조에 약하므로 보호실에 넣고 엽수를 자주하여 가지가 마르는 것을 방지해 야 한다.

(26) 때죽나무

우리나라 전지역 산야에 자생하는 낙엽 소교목이다. 잎은 소형이므로 분재수로서 적당하고 모양이 타원형으로서 끝이 뾰족하며 잎의 뒷면은 연두빛이다. 꽃모양이 방울처럼 밑으로 붙어 있으며 결실된 씨앗은 원형의 검정색으로 꽃과 열매를 같이 감상할 수 있는 것이 특징이다. 또 수피가 매끈하고 붉은색을 띠는 것이 매력적이라 할 수 있다.

소재 증식

삽목, 실생, 취목, 산채로 할 수 있으나 실생으로 배양하여 소품, 합식분재를 만들기가 용이하다. 튼실한 노목은 산채에 의존하는 것이 손쉬운 일이다.

분토와 분갈이

왕사 2~3mm에 흑토 10%, 부엽토 10%, 계분 5%를 배합하여 사용하는 것이 좋다. 어린 소재는 매년 분갈이를 하여 수세를 높이고 노목인 경우는 2년에 한번씩 분갈이를 하는 것이 적당하다.

수형

다간, 직간, 사간, 모양목 등으로 가꿀 수 있다.

잔가지 내기 : 봄에 나온 가지는 잎이 4잎 정도 나왔을 때 밑둥에서 2 잎만 남기고 전지를 하고 잎과 가지에서 새순이 돋아나오면 또 다시 전지를 하면 한 가지에서 2가지, 2가지에서 4가지가 나오게 되어 차차 가지수가 많아진다. 그러나 봄부터 가을까지 전지를 하면 가지수는 많으나 꽃을 볼 수 없기 때문에 분화기(6월) 전까지만 전지를 함으로써

꽃도 볼 수 있고 열매도 감상할 수 있다.

잎따기 : 잎따기는 5월에 하는 것이 좋으나 수세가 약한 분재를 잎따기 하게 되면 나무가 너무 약해져 가지가 마르고 잎이 잘 돋지 않으므로 수세가 강할 때 전지와 함께 잎따기를 함으로써 가지도 많아지고 잎도 깨끗해져서 감상의 가치가 높아진다.

시비

분갈이할 때 골분과 계분을 혼합하여 분 밑부분에 깔고 분갈이를 하면 특별한 시비는 하지 않아도 된다.

관리

물을 좋아하는 수종이므로 배수가 잘 되도록 분갈이를 한 다음 물을 충분히 준다.

(27) 대나무

우리나라에 자생하는 대나무는 죽순대, 반죽, 오죽, 분죽, 왕대, 해장죽, 이대, 고려조릿대, 섬대, 제주조릿대, 갓대, 기주조릿대, 조릿대, 봉의조릿대, 봉래죽, 사각대, 참대, 포대죽, 대명죽, 한산죽, 얼룩조릿대, 구불대, 일본조릿대, 업평죽, 짧은입대 등 다종다양한데 키를 적게 키워 분재로서 품위를 높이고 있다.

소재 채취법

대나무 분재의 좋고 나쁨은 어떠한 뿌리를 채취하느냐에 달려 있다고 해도 과언이 아니다. 그러므로 채취장소는 대밭의 끝쪽이 제일 적당한 장소이다. 장소가 선택되었을 때 너무 깊은 것을 선택하지 말고 얕은 부위를 굴취하여 마디와 마디사이에 죽순을 찾아 될 수 있는한

길게 여러 마디를 파올려 죽순을 다치지 않도록 비닐로 싸서 건조를
막는다.

분에 심는 법

〈파올리기 준비〉

9 월하순

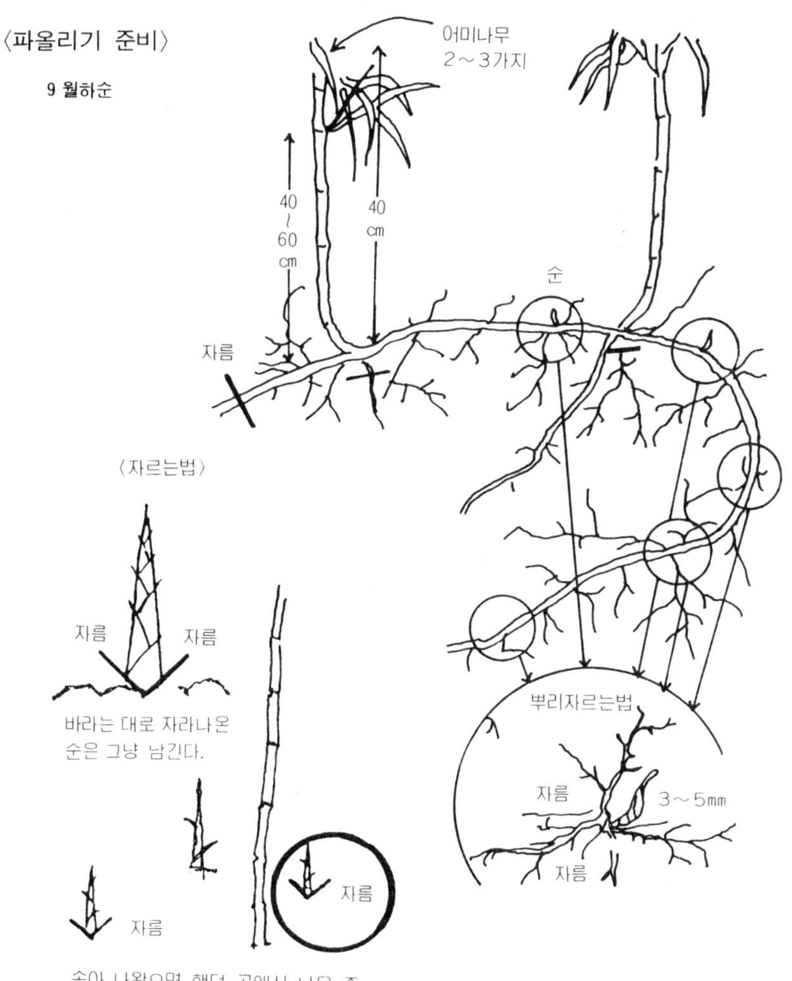

솟아 나왔으면 했던 곳에서 나온 죽
순은 남겨두고 그 이외에 것들은
쐐기모양처럼 가위로 자른다

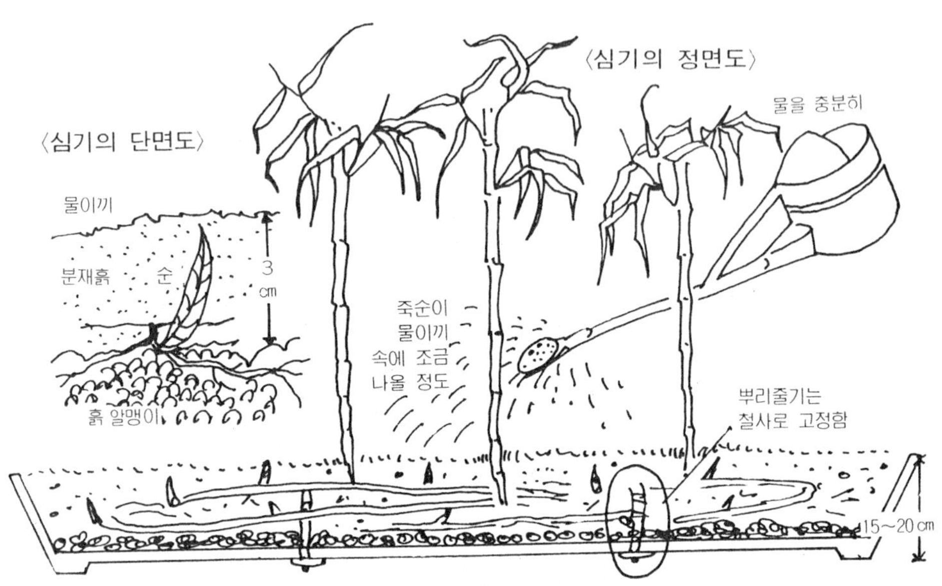
〈심기의 단면도〉
〈심기의 정면도〉
물을 충분히
물이끼
분재흙
순
3 cm
흙 알맹이
죽순이
물이끼
속에 조금
나올 정도
뿌리줄기는
철사로 고정함
15~20 cm

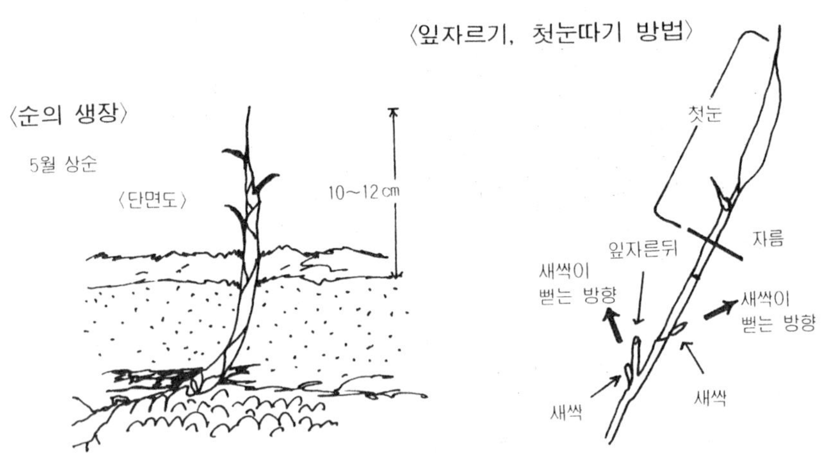
〈잎자르기, 첫눈따기 방법〉
〈순의 생장〉
5월 상순
〈단면도〉
10~12 cm
첫눈
자름
잎자른뒤
새싹이
뻗는 방향
새싹이
뻗는 방향
새싹
새싹

　분은 되도록 넓은 타원형 바닥에 배수가 잘 되도록 왕사를 깔고 황토, 흑토를 넣고 채취한 죽순을 담아 죽순의 끝이 약간 보일 정도로 분토를 채운 다음 표토에 이끼를 덮어 표토가 물에 패이지 않도록 한다음 충분한 관수를 하여 흙을 다지고 햇빛이 잘 비치는 실외 분재대에 놓고 관리하면서 분토가 마르지 않도록 관리하면 죽순이 나온다.

전지와 마디조절

　죽순이 30~40cm 정도 자라면 죽순의 맨밑에 한 마디의 껍질을 ½ 정도 벗기고 4~5일 지난후 나머지를 벗긴다. 이와 같이 죽순이 자라는

대로 반복함으로써 마디의 크기를 조절한 다음 나무의 키가 너무 크다는 생각이 되면 전정을 하여 조절해 줌으로써 감상 가치를 높일 수 있다.

시비

뿌리가 상하지 않도록 하여 1~5cm 정도의 구멍을 몇 군데 파 묻은 흙을 파낸 다음 새흙으로 채움으로써 시비와 분갈이를 겸하게 되는 것이다.

관리와 수형

일반 분재대에서 관리하면서 잎이 조밀하면 잎을 따주어 통풍이 잘 되도록 한다. 가지가 많으면 적당히 조절하여 솎아냄으로써 자연스러운 대나무 분재를 감상할 수 있다.

(28) 느릅나무

우리나라 전지역의 산야에서 자생하는 수종으로 좀참느릅나무, 당느릅나무, 제주도에 자생하는 황피성느릅나무 등 여러 종류가 있으나 잎이 작고 잔가지가 많은 수종이면 분재수로서의 품위를 갖추었다고 본다.

소재 증식

뿌리삽목, 가지삽목, 취목, 실생, 산채 등이 있으나 분재인의 개성에 따라 선택할 수 있는 수종이다. 노목의 소재를 원할 때는 산채, 취목 소품일 때는 뿌리삽목, 실생, 가지삽목.

수형

직간, 곡간, 사간, 합식 등으로 구상할 수 있다.

배양토와 분갈이

분갈이 경우에 왕사 3~4mm에 흑토 10%, 부엽토 10%, 계분 5%, 산채소재인 경우에는 왕사 3~4mm에 황사 20%를 배합하여 사용한다.

수세가 왕성한 품종이므로 어린 소재는 자주 분갈이를 하여 수세를 높이는 것이 좋으나 노목인 경우는 2~3년에 분갈이를 실시하여 수형이 흐트러지는 것을 방지하는 것이 바람직스럽다.

시비

비료를 너무 많이 사용하여 수형이 흐트러지지 않도록 각별히 주의하여야 한다. 봄에 물비료 한 두번 정도면 적절한 편이나 잎의 상태를 관찰하면서 그때그때 조절하는 것이 바람직스럽다.

물관리

물을 좋아하는 수종이므로 충분한 양의 물을 주어야 한다. 배수가 잘되지 않으면 뿌리가 질식하여 부패 염려가 있으므로 배수가 원활히 되도록 해야 한다.

병충해 방지

병충해에 강한 수종이나 간혹 깍지벌레, 개각충, 흰가루병이 발생되나 약제로 간단히 구제한다(약품편 참조).

일반 관리

햇빛에 잎이 타든가 렌스현상이 생기지 않으므로 물을 충분히 주고 엽수로써 잎을 깨끗이해 주면서 관리하는 것이 바람직스럽다.

월동 대책

동해에 강한 편이나 잔가지는 건조에 약하므로 하우스나 보호실에 넣어 엽수를 자주하여 건조를 막아주는 것이 바람직하다.

(29) 동백나무

우리나라 남해안 일대에서 자생하는 나무로서 틀동백, 흰동백, 애기동백 등 종류와 꽃의 형태, 색 등 다른 수종이 많이 있으나 근래 외국에서 수입된 품종의 접목·삽목 등으로 퇴화된 품종까지 100여종이 재배되고 있다.

소재 증식

삽목, 취목, 산채, 실생 등으로 증식되나 노목소재를 산채, 취목으로 손쉽게 구할 수 있다. 또한 소품은 실생, 삽목으로 재미있는 소재를 다량으로 얻을 수 있다.

뿌리 삽목으로 좋은 소재를 얻는 법

동백 소재에서 아름다운 곡을 가진 소재를 고른다는 것은 어려운 일

이기 때문에 곡을 아름답게 갖춘 뿌리를 선택하여 삽목함으로써 아름
다운 곡을 갖춘 소재를 손쉽게 얻을 수 있다.

삽목 방법

동백나무의 좋은 뿌리를 굴취하여 전정한 다음 일반 삽목 상에 심고
삽토로 삽수를 상토한다. 그리고 산 이끼나 캐시미론 솜으로 상토를 완
전히 덮은후 물을 충분히 준 다음 비닐로 덮어 습기의 증발을 막아 주
면 실패없이 발근이 된다.

분토와 분갈이

분토 : 왕사 3~4mm에 황토 15%, 부엽토 5%, 계분 5%를 배합하여
분토로 사용한다.

분갈이 : 2~3년에 실시하는 것이 좋으나 잎의 상태에 따라 조절할 수
있으며 시기는 연중 실시할 수 있다. 나무에 부담을 주지 않는 시기에
잡목 분재와 같은 방법으로 실시하는 것이 바람직하다. 그러나 꽃이 분
화된 나무는 꽃을 감상해야 되므로 꽃이 진 후 즉시 분갈이 하는 것이

좋다.

시비

비료를 좋아하는 수종이므로 분갈이할 때 분 밑바닥에 깻묵, 골분, 계분을 깔고 그위에 흙을 덮은후 분재를 심으면 특별한 시비를 하지 않아도 된다.

관리

물을 좋아하는 수종이므로 물을 충분히 주고 엽수를 뿌려 잎의 먼지를 제거하여주므로 수세를 높일 수 있다.

병충해 방제

병충해에는 강한 수종이기 때문에 병충해 피해는 거의 없다.

월동 대책

남부지방에서는 특별한 조치를 하지 않아도 된다. 중부지방은 보호실에 넣고 일반관리를 해도 무방하다.

분재의 월별 관리

수목의 상태 완전 휴면상태이므로 과잉보호를 하지 않도록 한다.

물관리 휴면상태이므로 과습 건조에 주의하고 엽수를 자주하여 줄기와 가지의 건조를 막아 준다.

시비 시비하지 않는 것이 좋다.

병충해 방제 유황합제 살포.

분갈이 보호실에서는 가능하다.

소재 증식 접목, 꺾꽂이가 가능하나 보호실에서 보호해야 된다.

수형 가지전정, 철사걸이, 백골정리.

수목의 상태 휴면상태이므로 계속 휴면상태를 유지하도록 관리한다.

물관리 분토에 물을 많이 주어 과습하지 않도록 해야 된다. 특히 송백류에 과습이 계속되면 뿌리가 부패된다는 점을 유의해야 된다. 엽수를 자주하여 정오에 건조를 방지해 준다.

시비 시비는 하지 않는 것이 좋다.

병충해 방제 분목을 관찰하여 적절히 약제를 살포하고, 보호실인 경우는 화분대 밑에도 소독하여 주는 것이 병충해를 예방하는 좋은 방법이다.

분갈이 꽃, 열매 분재는 분갈이로 시작한다.

소재 증식 실생, 접목, 꺾꽂이가 가능하나 보호실에서 보호해야 된다.

수형 접목, 가지솎기, 철사걸이, 백골정리

3월

　수목이 서서히 활동하는 시기이다. 급격한 기온의 변화에 특히 유의해야 한다. 음지에서 관리하는 잡목분재는 서서히 햇빛을 받도록 하여야 꽃과 열매가 충실하게 발육된다.

　물관리 수목의 활동이 서서히 이루어지므로 충분한 물을 주어 뿌리의 건조를 막아 준다. 더불어 엽수도 충분히 해주어 가지의 건조도 막아 주어야 한다.

　시비 가리질, 물, 비료를 묽게 시비하여 분토의 산성화를 막아 준다.

　병충해 방제 진딧물 감염을 세심히 관찰하고 그외 월동에서 깨어나는 해충의 활동을 면밀히 살펴가면서 약제를 살포한다. 유황합제는 꽃눈이 활동하기 전에 살포해야 된다.

　분갈이 분갈이의 적기이다.

　소재 증식 실생파종의 적기이다. 꺾꽂이, 접목의 적기이다.

　수형 가지 정리, 수형 교정은 꽃이나 잎이 나기 전에 실행하는 것이 바람직하다.

4월

　수목의 활동이 활발히 이루어지는 시기이다. 기온의 변화에 유의하여야 한다. 모든 분재를 분재대로 서서히 옮겨가면서 다시 한번 분재의 가지, 수형, 청결상태를 관찰하면서 병충해의 발생여부를 점검한다. 꽃이 일찍 피는 분재는 꽃 관리를 하면서 인공수정을 하여 준다.

　물관리 화분의 건조가 빠른 계절이므로 충분한 양의 물을 주고 저녁에 엽수를 주면서 화분과 분재대를 말끔히 청소한다.

　시비 물 비료를 주되 질소비료를 많이 주는 것이 좋다.

　병충해 방제 병충해가 활동하는 시기이므로 예방을 철저히 하여야 한다(예방 약제편 참조).

　분갈이 두송 분재를 분갈이 하는 최적기이다. 꽃이 진 분재를 분갈이

한다.

소재 증식 접목 활점의 적기라 할 수 있으며 석류나무, 삽목의 적기라 할 수 있다(노목).

수형 잡목의 새싹 순집기를 계속한다. 화목류, 꽃 솎아내기의 적기이다.

수목의 상태 : 분재의 성장 속도가 아주 빠르다. 충분한 햇빛과 물을 주고 시비를 하며 모든 관리는 4월과 같다.

분의 위치를 바꾸어 준다(북→남, 남→북).

관리는 4월과 같으나 머지않아 장마철이 다가오므로 준비를 철저히 하여야 한다.

잡목류 : 정형의 적당한 시기이다.

삽목, 취목의 적기이다.

송백류 : 순치기(단엽)의 적기이다.

수목의 성장이 가장 빠른 시기이다.

햇볕이 강하므로 활엽수의 잎을 보호해 주는 것이 좋으며 정오 활엽수에 엽수를 주어서는 안된다.

송백류는 잎에 엽수를 자주함으로써 잎이 튼튼하고 깨끗하게 자란다.

일반관리는 전월과 같다.

더운 날씨가 계속되므로 건조에 특히 주의를 하여야 하며 급수할 때는 활엽수의 경우 잎에 물이 묻지 않도록 해야 한다. 잎에 물이 묻으면 렌스현상이 일어나 잎의 끝이 마르게 됨을 명심한다.

뜨거운 햇빛 아래에서 열매 분재의 열매가 충실하게 맺어 자라는 시기이므로 분재대나 바닥에 항상 물을 뿌려 복사열을 막아 주는 것이 좋다.

물관리 뜨거운 햇빛으로 무더운 날씨가 계속되므로 물을 충분히 주고 복사열을 막아 주어야 한다. 잡목 분재에 엽수를 주어서는 안된다.

시비 무더운 날씨가 계속되므로 부득이한 경우를 제외하고는 시비를 하지 않는다.

병충해 방제 병충해의 활동이 왕성할 때이므로 면밀히 관찰하고 예방 약제를 살포한다.

분갈이 상태를 관찰하고 상태가 좋지 않으면 간단한 분갈이도 가능하다.

소재 증식 삽목도 가능하다.

수형 순따기로 분재의 수형을 다듬으며 잡목의 줄기, 철사걸이의 적기이다.

잡목의 성장이 완료되는 시기로 가을의 문턱에 들어서는 계절이다.

물관리 8월에 비해 물의 양을 줄여간다.

시비 시비를 충분히 하는 계절이다.

병충해 방제 전월과 동일한 방법으로 행한다.

분갈이 가을은 분갈이의적기이다.

유실수인 경우 가능한 한 분갈이를 하지 않는 것이 열매를 보호하는 길이다.

소재 증식 삽목의 적기이다.

수형 송백류의 묵은잎을 제거하는 시기이다.

10월

가을이 시작되는 시기이다. 야생채취가 적당한 시기이다.

물관리 물의 양을 차차 줄여 간다.

시비 시비는 하지 않는 것이 좋다.

병충해 방제 낙엽기이므로 낙엽을 불태우고 월동기에 들어가는 해충의 안식처를 소독해 준다.

소재 증식 종자 수집한다. 산채의 적기이다.

수형 잡목분재 단풍을 감상하면서 미래의 수형을 구상한다.

월동준비 수분 공급을 적절히 억제해 준다. 햇빛을 충분히 받도록 하면서 보호실을 준비한다.

11월

모든 수목이 휴면기에 접어 들게 된다. 보호실에서 너무 과잉보호를 하게 되면 휴면을 깨우는 결과를 초래하므로 주의하는 것이 좋다.

물관리 물은 분토가 마르지 않을 정도면 충분하나 엽수를 주어 가지의 건조를 막아 주어야 한다.

병충해 방제 석회유황합제 8 배액을 나무 전체에 고루 살포한다.

소재 증식 산채 적기이다.

수형 실내에서 나무를 관상할 수 있으나 건조에 특히 주의해야 한다. 수형을 관찰하여 장단점을 고쳐간다.

12월

11월과 같은 방법으로 관리한다. 산채가 가능하다.

맺 음 말

도시가 커지고 물질문명이 고도로 발달되면서 사회가 다양화됨에 따라 좁은 시멘트 빌딩 숲속에서의 생활은 자연의 아름다움을 접하지 못하게 한다. 바쁘게 쫓기는 하루하루를 자연속에서 생활할 수 있다면 더할나위 없이 행복한 일이 아닐 수 없다. 따라서 자연을 생활주변에서 만끽할 수 있도록 대자연을 분 위에 축소시켜 연출해 놓은 분재는 현세대를 살아가는 도시인들의 정서에 많은 도움이 되고 있다. 분재는 어느 특정인의 고급 취미목이 아니라 현대를 살아가는 모든 사람들이 다같이 즐길 수 있는 것이다. 이제 막 분재를 시작한 초보자나 이미 초보단계를 넘어선 분재인들에게 조금이나마 도움이 되어 풍요로운 자연속에서 자연을 배우며 생활할 수 있기를 바라는 마음 간절하여 본서를 내게 되었다.

취미와 기량을 더욱 다양하게 닦는 데에 조금이나마 도움이 되었으면 하는 바램이다. 끝으로 본서를 내는데 격려해 주시고 협조해 주신 여러분들께 진심으로 감사드린다.

현대분재기술

2015년 9월 15일 1판 12쇄 발행

저 자 : 송 재 손
발행인 : 김 중 영
발행처 : 오성출판사

서울시 영등포구 영등포 6가 147-7
TEL : (02) 2635-5667~8
FAX : (02) 835-5550

출판등록 : 1973년 3월 2일 제 13-27호
http://www.osungbook.com